Cocktails

雞尾酒的微醺世界

調出你的私房Lounge Bar風情

大衛·畢格斯(David Biggs)◎著　　姜欣慧◎譯

COCKTAILS

CONTENTS

伏特加 081

威士忌 103

香檳與葡萄酒 125

未來的經典 143

舒特類酒 157

非酒精性飲料 169

前 言

　　雖然很多人都有自己偏好的理論，但實際上卻沒有人知道「雞尾酒」這個名詞確切的由來。

　　其中一種說法是，「雞尾酒（cocktail）」這個名詞源自於混合調製的飲料「Coquetel」。這是在美國獨立戰爭（1775-1783年）期間，供應美國南方各州法國官員飲用的一種飲料。

　　還有一種說法是，雞尾酒是美國昔日禁酒時期的產物，但早在1806年就有一篇發表於雜誌上的文章提到這個字眼，時間比禁酒令時期更早。

　　英國人則宣稱這個字是源自於蒸餾酒酒桶底部的沈澱物，也就是所謂的「雞尾（cock-tailings）」。

　　我個人最喜歡的版本是，雞尾酒是雄心勃勃的英國裔美國旅館老闆娘貝茜‧弗蘭根（Betsy Flanagan）發明的。她利用鬥雞色彩斑斕的羽毛裝飾而發明這種飲料。某位懂得欣賞的法國人在飲用後愛不釋手，甚至舉起酒杯大呼「Vive le cocktai！」

　　無論雞尾酒的眞實由來爲何，雞尾酒的熱潮還是在二〇年代時達到高峰，不過，之後的禁酒令對美國而言卻是酒精飲料發展的一大轉變（讓雞尾酒變得更普及的主要原因是，1919年制定了第18號美國憲法修正案，禁止美國在接下來的十三年禁止賣酒）。爲了躲避政府查緝，非法經營的酒吧僞裝酒類飲料的外觀（同時也能掩飾私釀酒粗糙的味道），結果雞尾酒的知名度水漲船高。酒精飲料非法的事實，增添了雞尾酒酒吧的魅力。

禁酒令

美國人對禁酒令並不陌生。1880年，堪薩斯州就頒布了禁止販售酒類的禁令，其他許多鄉村區也視酒精飲料為十惡不赦的惡魔。一旦酒被視為敗德、罪惡的飲品，就很難為其脫罪。

禁酒主義者大獲全勝，1920年施行新的法律，自此展開「雞尾酒的時代」。

物以稀為貴是亙古不變的道理，非法販售的私釀酒成為有利可圖的商機。來自歐洲和南美洲的非法酒精飲料走私至全美，其中的利益難以計數。美國的海岸線綿長，海巡無法徹底地偵察沿岸，走私者經常可以神不知鬼不覺地走私貨品。利用各種漂浮物運送到陸地的私酒，根本很難查緝。

當時可以「醫療用途」的名義購買威士忌，許多醫生也藉著幫患者開立威士忌藥單時從中謀利。另外，美國允許進口變性酒精作為工業之用。據估計，約有五千七百萬公升的酒精在禁酒令時期被移作他用。不法商人利用煮沸的方式移除酒精中的有毒化學物質，私酒販售商再加入調味劑和色素，然後將此產品當成威士忌、琴酒或蘭姆酒販售。飲用這些不當製造

私釀酒（Moonshine）是指違法蒸餾的威士忌。圖中遭查扣沒收的酒桶正待銷毀。

的酒相當危險，飲用者可能會因此而麻痺、失明，甚至死亡。

二〇年代末期，工業組織化，但在偏遠地區仍有許多釀酒場，他們私自從玉米汁、麥芽及酵母中提煉酒精。這些未經檢驗的酒成分有問題，所以有「棺材漆」、「松鼠汁」、「劣等酒」及「殺人毒藥」等稱號。有時這些飲料確如其名般致命。

在非法營業的酒吧中販賣這些禁酒，使得製造禁酒的製造商大受歡迎。他們將酒與果汁混合，加入糖漿並佐以水果裝飾。調酒師則因獨創的雞尾酒調製手法，搖身一變，成為傳奇人物。

當然，像這種有利可圖的事業很難與犯罪劃清界線，很快的，幫派組織紛紛接管非法酒類銷售的管道。

這些利潤豐厚的商機，是危險的犯罪遊戲。不良份子為了搶奪地盤中得來不易的銷酒權，經常發生鬥毆流血事件。當時黑社會幫派的頭目中，最惡名昭彰的是艾爾‧卡彭（Al Capone）。直到1933年廢除禁酒令，酒類工業的紛爭才告平息，而獲得法律許可後，販售酒類的幫派也才失去存在的理由。

禁酒令適得其反，與倡導者的訴求相違背。禁酒令解禁時，美國人又可以合法購買酒類飲料，不需要添加劑掩飾酒精的味道，導致雞尾酒大受衝擊。容易取得的事物總是不易受到重視。

近幾年來，雞尾酒再度受到關注，世界各地的調酒師不斷發明新的雞尾酒，取悅顧客的味覺和視覺。美國人將專業的雞尾酒創造者稱為調酒專家（mixologist）。讓我們舉起酒杯，向世界上的調酒專家們致意。

在禁酒時期，大部分的酒類都在非法經營的酒吧（speakeasies）中販售。非法經營酒吧的名稱，可能是源自於老顧客再光顧前通常會輕敲酒吧的門，等店主將門拉開一個小縫後，顧客必須說出通關密語才能進入酒吧內的緣故。

調酒原料的選擇

酒精飲料有千餘種，不可能全數購齊。每間酒吧都會準備基酒、混調飲料和裝飾物，迎合各種調酒需求。

本書並未列出所有的酒類細項，因為族繁不及備載，而且版面有限。一般的基酒是無甜味的白葡萄酒和可供調配的紅葡萄酒。

下列是提供初學調酒者的購酒指南。

酒類

白蘭地或干邑白蘭地

琴酒

伏特加

蘭姆酒（深色或淡色）

蘇格蘭威士忌

波本酒

龍舌蘭酒

苦艾酒，甜味或無甜味

汽泡酒（無甜味）

無甜味的白葡萄酒

（建議選購蘇維濃白酒）

無甜味的紅葡萄酒

（昂貴的混合紅葡萄酒為宜）

香橙酒

個人偏好的香甜酒

混調飲料

蘇打水

可樂和薑汁汽水

印度通寧水

番茄汁

果汁

礦泉水

石榴糖漿

安古斯特拉苦汁（Angostura bitters）

調味汁、香料與裝飾物

馬拉斯奇諾櫻桃 (Maraschino cherries)

橄欖（綠色或黑色）

雞尾洋蔥（珍珠洋蔥）

檸檬

萊姆

柑桔

肉豆蔻香料

精白砂糖

辣醬（Tabasco sauce）

梅林辣醬油（Worcestershire sauce）

糖漿（gomme 糖漿）

酸味糖漿

（檸檬汁混合萊姆汁）

補充事項

建議常備冰塊、大塊碎冰或細碎冰。一家好的酒吧，冰塊永遠是不可或缺的必備材料。

調酒計量

　　各國調酒師所使用的計量方式不盡相同，本書的雞尾酒食譜並不採用絕對的計量單位。有些調酒師喜歡使用基爾（gill）當作調酒的液量單位，有些調酒師則喜歡使用盎司（ounce）或毫升（centilitre）當作單位。在這些單位之間換算，會讓這本書變得複雜而困擾讀者，所以本書採用比例的方式，幫助讀者們更容易上手。

　　書中多以茶匙或小酒杯的量當作一份進行調製，只要掌握好調製比例，就無損風味。因此，使用比例，你就可以自行決定需要調配的量。若用咖啡杯或水桶取代平時慣用的調酒量杯，則能一次調製多份飲品。

調酒器具

對許多人而言，雞尾酒似乎是一種遙不可及的幻想，總認為這是調酒師單方面的演出，事實幾乎也是如此。如果你是專業的調酒師，那麼你必須準備齊全的工具。如果只是自娛娛人，則只要利用廚房中的用具和器皿，即可調製出大部分種類的雞尾酒。

至於那些慎重看待雞尾酒調製的讀者，準備一些必要的工具是值得的，這會讓你更得心應手，同時當一個稱職招待賓客的主人。最好購買品質良好的調製工具。它們的外觀精美，用起來順手，也可以適當地發揮功用。以下是業餘新手必備的工具名單。

● *銳利的刀*

● *冰桶*

傳統的冰桶是金屬製的，但是在氣候較熱的區域，建議使用有隔熱內層的冰桶。

● *冰鉗*

● *量杯*

量杯沒有固定的大小，只要測量原料的量杯容量一樣即可。建議準備二個量杯，一個容量是另外一個的二倍，調酒更方便。

● *開塞鑽*

目前市面上販售很多種開塞鑽。「Screwpull」，開塞鑽的螺旋有一層不黏塗層；「侍者之友（waiter's friend）」開塞鑽，瓶緣的其他部分有把手，可以利用槓桿原理開啟；「翼狀（wing）」開塞鑽，有二個把手，向下壓就可以將軟木塞從酒瓶中向上拉出；「Ah So」開瓶鑽，像一種軟木塞起重機，將含有二根彈簧鋼製的細插叉滑移至軟木塞二側，然後小心地扭轉出來（該設計用以處理年代久遠而易碎的軟木塞）；「軟木塞唧筒（cork pump）」開塞鑽，這是一種以手操作的唧筒，附於一根空心的針上，可以向下穿透軟木塞。

● *開瓶器*

● *雞尾酒雪克杯*

● *附濾冰器的調酒杯*

● *水壺*

調製雞尾酒的其他用品。

● *調酒匙*

● *餐巾*

● *擦杯巾*

● *濕巾*

裝飾雞尾酒

雞尾酒的迷人之處，就在於它能取悅所有的感官。雞尾酒不應該只是嘗起來美味，還要色香味俱全。

專業的調酒師會讓自己的成品兼顧視覺和味覺，但是裝飾絕對不會喧賓奪主，搶走雞尾酒本身的風采。利用水果、小紙傘、小竹籤或亮藍色的塑膠冰塊裝飾，可以發揮意想不到的效果。有些調酒師甚至會加上一些畫龍點睛的裝飾，藉以提示雞尾酒的味道。例如一條檸檬皮或萊姆皮，暗示這是杯清新、味道稍微強烈的雞尾酒；擺放馬拉斯奇諾櫻桃或西瓜，暗示這杯是香甜風味。用一小枝薄荷裝飾，可以增加雞尾酒的香味，但有些雞尾酒需要特殊的裝飾，例如馬丁尼須搭配橄欖。

另外，雞尾酒盛裝於杯緣結霜似的玻璃杯，可以增添令人驚喜的特色。製作方法為利用水或蛋白沾濕杯緣，再置入裝砂糖的淺碟。（以瑪格麗為例，可以在杯緣抹上鹽粒）。

某些雞尾酒最好用吸管啜飲。除非裝盛的玻璃杯很高，否則以短吸管為宜。請依照不同的需要修剪吸管長度。

水果扮演的角色

調製雞尾酒時，加入一、二片新鮮水果可增色不少。也可以用竹籤穿插水果，置於杯緣裝飾。請依照雞尾酒的色調加以變化。

在調製雞尾酒的過程中，水果依不同目而扮演多種角色。切記，一杯好的雞尾酒不只是風味佳，還必須有吸引人的外觀，而水果裝飾確實可以增加視覺上的吸引力。

適當的當季水果可以激發飲用雞尾酒的慾望。香蕉、西瓜、水蜜桃、杏仁及各種軟質的水果，都可以打成汁，做成美味的水果泥。再加入伏特加、蘭姆酒或白蘭地，就可以輕而易舉地創造出華麗且令人驚奇的飲品。

解決宿醉

熱衷於調製雞尾酒的人，難免會發生宿醉的狀況。你可能會歸咎蘇打水、花生或乳酪條的品質，卻很少認爲問題出在前一晚喝的酒。

很多人都宣稱他們是喝香檳才會醉到不醒人事的，但是事實上，通常用於婚禮、生日、訂婚等場合中的香檳並非罪魁禍首。晚宴前，很多人習慣以一或二杯啤酒當作餐前酒，然後再喝幾杯雞尾酒。開始用餐時則飲用一或二杯葡萄酒。等到致詞時間，又開香檳慶祝。一旦翌日宿醉，就將責任推卸到最後飲用的香檳，而不是啤酒、雞尾酒或葡萄酒。

宿醉與酒精的歷史一樣久遠，而且有許多民間流傳的治療方式。雖然只有幾種方法可以眞正發揮作用，但是當你覺得非常難受時，還是會嘗試所有方法。即使死亡，都比宿醉而頭痛欲裂和胃痛如絞好。

不過，宿醉通常不會引來其他人的同情和憐憫，要怪就怪自己吧！當

瑪琳‧黛德麗（Marlene Dietrich）在電影「金髮維納斯（Blonde venus）」中的造型。

然，實話還是不能解決宿醉。宿醉的人需要的是體諒，而非說教。

古埃及人認爲煮熟的甘藍菜可以治療宿醉。亞述人則會磨碎燕子的鳥喙與沒藥（myrrh。紅棕色或黃棕色，質堅脆，薄片半透明，氣微弱而芳香）來治療宿醉。然而，在狂歡一夜之後，應該沒有人可以在一大早就起床找燕子的喙，所以歷史的方法並不實用。

南美洲某些古老的印地安部落甚至相信，最好的方法是利用吊床將宿醉者緊緊地綑綁起來，綁得像木乃伊一樣，再讓他獨處，直到恢復神智。

蘇格蘭所想到最好的方法是，利用牛皮將患者緊緊地包裹起來，然後將他放在瀑布後方。

許多有名的作者也提供了自己的獨門妙招。其中之一是謝克瑞（AD Thackeray），他在著作中寫道：「我以人格保證這是真的：世界上沒有任何一種頭痛可以比得過歐寶汽車的撞擊。」他並未說明撞擊的細節，但是之後描述：「淡啤酒是一位因宿醉而困擾的紳士唯一可以舒緩前夜酗酒的方法。」附帶一提，淡啤酒是將水加入啤酒釀造後殘留下的糊狀物，經過再度發酵而製成的。這是一種味淡而廉價的啤酒，稀薄如水。

詩人拜倫（Lord Byron）在他的史詩諷刺文學唐璜交響詩（Don Juan）中，寫道：「盡量喝醉吧！當你帶著頭痛醒來時，你就知道後果了。將你的貼身男僕喚來，吩咐他端來一些hock（一種德國產的白葡萄酒）和蘇打水，然後你將知道值得偉大的波斯王感到喜悅的事物。不是被祝福的晶鑽或壯觀的雪景，不是沙漠甘泉的第一柱噴泉，也不是在夕陽下享用勃艮地葡萄酒，而是在長途跋涉、戀愛或殺戮之後，將hock和蘇打水一飲而盡。」

拜倫所描述的是我們今日所稱的斯伯利特（一種加蘇打水的酒）。

有些人相信古老的「以毒攻毒（咬了你的狗，牠的毛是治療良方）」。換句話說，治療疾病最好的方法就是肇因之首。當然，這會牽扯出相當嚴重的問題，如果你被一群不同品種的狗咬到，那就慘了。

有些人建議讓宿醉的人喝一些奇怪的混合物，例如生雞蛋加辣醬油。

女演員塔魯拉‧班克海（Tallulah Bankhead）建議飲用混合香檳和黑啤酒的「黑絲絨」來治療宿醉，但是她誠實地附加一句註解：「不要被騙了，世界上沒有任何宿醉的解藥，我已經試過各種方法，只有時間可以治療它。」

英國前政治家克萊門‧佛洛依德（Clement Freud）在其撰寫的書『Clement Freud's Book of Hangovers』中，提出以下的建議：「在喝酒之前、之中和之後，飲用大量的水、牛奶或果汁。」

大量的水可以緩和宿醉之苦。另外，在就寢前或意識模糊的清晨，也可以紓解再度清醒時的頭痛欲裂。

在美國，通常建議飲用「草原牡蠣」（請見次頁的配方），但是坦白說，如果宿醉時你還可以調製草原牡蠣，那真的很厲害。

以下是一些治療宿醉的配方，當你清醒時再好好看看吧！

提神酒
(PICK-ME-UP GENTLY)

在宿醉清晨飲用少許飲料，並不會對身體造成傷害。這些都是完全無酒精的飲料。很多愛用者斬釘截鐵的說，這是最快解除胃痛的良藥（也許有點誇張，但可以試試看）。

- 冰塊
- 半顆檸檬汁
- 二茶匙辣醬油
- 蘇打水

1. 將二顆冰塊放入高球杯（或身邊其他現成的杯子）中，添加檸檬汁和辣醬油。

2. 杯中蘇打水加到滿，安靜、緩慢地啜飲。

3. 暫時不與其他人互動。

草原牡蠣 (PRAIRIE OYSTER)

Prairie Oyster也稱為山牡蠣（Mountain Oyster），是最古老的解宿醉雞尾酒，但是它的氣味十分強烈。

- 冰塊
- 大量白蘭地
- 二茶匙蘋果醋
- 一點心匙梅林辣醬油
- 一茶匙番茄醬
- 半茶匙安古斯特拉比特苦汁
- 新鮮雞蛋的蛋黃
- 紅辣椒

1. 將五個冰塊放入公杯中，加入白蘭地、醋、辣醬油、番茄醬及苦汁。

2. 將混合物倒入低球杯中，加入冰塊使液面全滿。

3. 小心地將未破掉的蛋黃放在液面上漂浮，輕輕撒上一些紅辣椒

4. 建議將這杯調酒一飲而盡。

波里尼西亞提神酒
(POLYNESIAN PICK-ME-UP)

這種療法所依賴的是香味與果汁的酸味而產生的治療效果。這種酒喝起來有點像藥，味道並不討喜。

- 碎冰
- 一份伏特加
- 四份鳳梨汁
- 半茶匙咖哩粉
- 一茶匙檸檬汁
- 二滴辣醬 (Tabasco sauce)
- 紅辣椒

1. 將半杯碎冰和除了紅辣椒之外的所有配料加入果汁機中。

2. 果汁機攪拌約十秒，倒入低球杯。

3. 將紅辣椒輕輕撒在液體表面，然後大口地一飲而盡。

白蘭地(BRANDY)

　　白蘭地是由葡萄酒蒸餾而成的烈性暖酒，釀製方法有很多種。最為人所知的白蘭地是猛烈的干邑白蘭地和雅馬邑白蘭地（有人認為這二種白蘭地太高尚了，不能用於調製輕浮的雞尾酒中），但還是有許多國家蒸餾出優良的白蘭地，包括德國、希臘、美國及南非等。

　　最頂級的白蘭地是在銅鍋中釀造出的，較商業化的白蘭地則是利用連續蒸餾法製成的。有些國家的法律甚至規定多少比例的白蘭地可以利用連續蒸餾法，以及蒸餾的產物在橡木桶中應釀製多久才能販售。

　　在橡木桶中釀製白蘭地可以追溯至十五世紀，據說當時有一位煉金術士將他珍貴的生命之水埋在庭院中，避免被攻擊村莊的士兵奪取。這位可憐的術士在戰爭中死亡，數年後才有人發現這桶生命之水。桶中一半的溶液已經蒸發，但是剩下的瓊漿玉液竟然十分溫潤可口。

　　長久以來，白蘭地被視為男性專屬的飲料。在十八世紀時，文豪約翰遜（Samuel Johnson）曾經提出一套哲學：「波爾多紅葡萄酒是給男孩們飲用的酒，是屬於男人的葡萄酒，但是胸懷大志的男人們應該喝的酒是白蘭地。」不過隨著時代變遷，白蘭地已經成為了男女共賞的酒類。

B&B

B&B是一種天然的香甜酒。配方中的班尼狄克丁（Benedictine）甜酒是由法國修道院班尼狄克丁的修道士，添加藥草及香料製造出來的香甜酒，也是一種以白蘭地為基酒的香甜酒類。許多人把這種酒視為一種治病良方。

- 冰塊
- 一份白蘭地
- 一份班尼狄克丁甜酒
- 檸檬皮螺旋條

1.將二或三顆冰塊放入公杯中，加入白蘭地和班尼狄克丁甜酒。

2.攪拌均勻後，過濾至雞尾酒杯中。

3.以檸檬皮螺旋條裝飾於杯緣。

蠻牛乳 (BULL'S MILK)

一般人都認為牛奶是小孩子的飲料，即使是在禁酒令時期，很多人還是不會飲用這種「幼稚」的飲料。雖然蠻牛乳乍聽之下和牛奶很像，但卻是完全不同的飲料，因為蠻牛象徵著勇敢且令人敬畏的力量，所以任何男性都不會拒絕這種飲料。

- *冰塊*
- *一份白蘭地*
- *一杯牛奶*
- *糖漿*
- *肉豆蔻香料粉*
- *肉桂粉*

1. 將四或五顆冰塊放入雪克杯中，加入白蘭地、牛奶，並依個人喜好加入糖漿。

2. 搖晃混調均勻後，過濾至一個高球杯中。

3. 撒上適量的肉豆蔻香料粉和肉桂粉後，端出給客人飲用。

B&B柯林斯 (B&B COLLINS)

　　B＆B加入蘇打水後，就變成了B&B柯林斯，這是基本也不會有問題的做法。你也可以嘗試調製其他變化的B&B。

- 二份白蘭地
- 半顆檸檬汁
- 一茶匙糖漿
- 碎冰
- 蘇打水
- 一份班尼狄克丁甜酒
- 一片檸檬

1. 將白蘭地、檸檬汁及糖漿混合於公杯中，再加入三杓碎冰。

2. 倒入冰過的低球杯中，然後以蘇打水加滿。

3. 謹慎地加入班尼狄克丁甜酒，使甜酒漂浮在液體表面。以檸檬片裝飾，端出給客人飲用。

鐵匠雞尾酒
(BLACKSMITH COCKTAIL)

　　鐵匠（Blacksmith）顧名思義是一種粗獷的愛爾蘭飲料。鐵匠雞尾酒中包含半品脫的英國產吉尼斯黑啤酒和大麥酒，在鐵匠的熔鐵爐熊熊的火光中，飲用這杯雞尾酒是最大的享受。以下要介紹的這款鐵匠雞尾酒，可以在雞尾酒吧中盡情享用。

- 冰塊
- 一份白蘭地
- 一份蘇格蘭蜂蜜酒（Drambuie）
- 一份咖啡香甜酒（Creme de Cafe）

1. 將四或五顆冰塊放入混調公杯中，加入所有配方並攪拌均勻。

2. 直接倒入低球杯並加入冰塊，不需要裝飾就可以端出給客人飲用。可以使用威士忌酒杯代替。

B&B柯林斯（次頁圖右）是味道更持久、冰涼的另一種B&B。
鐵匠雞尾酒（次頁圖左）是由蘇格蘭蜂蜜酒和咖啡香甜酒調製出的美味飲品。

白蘭地雞尾酒（上圖中、上圖右）有許多不同的種類。你可以慢慢發掘個人最喜歡的白蘭地雞尾酒。側車（上圖左）是經典的雞尾酒之一。這杯雞尾酒源自於哈里紐約酒吧（*Harry's New York Bar*），是巴黎傳奇的一頁。

側車 (THE SIDECAR)

1920年代是雞尾酒的黃金年代，也是摩托車的黃金歲月。人們對於「沒有馬的馬車」的新奇感還未消退。在那個年代裡，敢騎乘摩托車的英勇騎士們最與眾不同且衝勁十足。

側車的命名來自於當時軍官多乘坐由司機駕駛的摩托車，前往位於紐約的哈利酒吧飲酒。

- 冰塊
- 一份半白蘭地
- 一份君度橙酒 (*Cointreau*)
- 一份新鮮檸檬汁（依口味可以加入更多檸檬汁）

1. 將四顆冰塊放入攪拌公杯中，將上述配方倒在冰塊上，攪拌均勻。

2. 倒入杯中，端出供客人飲用。

白蘭地雞尾酒
(BRANDY COCKTAIL)

　　有一打以上的雞尾酒名爲「白蘭地雞尾酒」。在我所擁有的一本調酒師參考書中，就包含了超過八種完全不同的白蘭地雞尾酒。

　　以下是我自己最喜愛的二種白蘭地雞尾酒，您可以嘗試看看。

第一種

- 冰塊
- 一份白蘭地
- 一份澀苦艾酒
- 少許安古斯特拉比特苦汁
- 磨碎的檸檬皮
- 一顆雞尾酒櫻桃

1. 將五顆冰塊放入公杯，然後加入白蘭地、澀苦艾酒和安古斯特拉比特苦汁。

2. 輕輕地攪拌後倒入雞尾酒杯中。

3. 加入磨碎的檸檬皮。

4. 以雞尾酒櫻桃裝飾於一根小竹籤上放入杯中，端出供客人飲用。

第二種

- 冰塊
- 二份白蘭地
- 一份苦艾酒
- 一份白蘭地柳橙酒（*Grand Marnier*）
- 安古斯特拉比特苦汁
- 柳橙皮

1. 將四或五顆冰塊放入公杯中，白蘭地、苦艾酒、白蘭地柳橙酒倒在冰塊上。攪拌均勻。

2. 加入二注安古斯特拉比特苦汁於空的雞尾酒杯中，旋轉杯身使苦汁完全覆蓋在玻璃杯內側。

3. 將所有混調物從調酒杯倒入雞尾酒杯中。

4. 擠壓柳橙皮汁滴入杯中，加入磨碎的柳橙皮和香料。

5. 不需裝飾就可以端出供客人飲用。

蛋酒 (EGGNOG)

　　傳統上，蛋酒是英國家庭在聖誕節早晨所飲用的酒類，具有驅寒效果。蛋酒這個字可能來自於裝著烈啤酒的小酒杯「noggin」。有些飲酒者會加入雞蛋攪拌，使蛋酒變得更為濃稠。如今許多調酒師以白蘭地和蘭姆酒取代啤酒。這是少數不加冰的雞尾酒之一。

- 一份白蘭地
- 一份深色蘭姆酒
- 一顆新鮮雞蛋
- 少許糖漿
- 五份全脂牛奶
- 整顆肉荳蔻

1. 將白蘭地、蘭姆酒、雞蛋和糖漿加入雪克杯中，大幅搖晃以產生如奶油般的質地。

2. 倒入高球杯中，加入牛奶並輕輕地攪拌。

3. 磨碎肉荳蔻，撒在雞尾酒上。在室溫下飲用這杯雞尾酒。

斯丁格 (STINGER)

斯丁格源起於美國的禁酒令時期，是一種非常古老的雞尾酒，如今已經成為雞尾酒中的經典。原本飲用斯丁格時不需要加冰，但是現在飲用者都喜歡加入冰塊。這杯雞尾酒能夠炒熱宴會的氣氛。只要一、二杯斯丁格，就可以讓所有賓客沉浸於歡樂的氣氛中。

- 冰塊
- 二份白蘭地
- 一份白薄荷酒
  (*white crème de menthe*)

1. 將六顆冰塊放入雞尾酒雪克杯中，加入白蘭地和白薄荷酒。

2. 搖晃均勻後倒入冰的雞尾酒杯中。

3. 不需任何裝飾就可以端出供客人飲用。也可以加入薄荷葉裝飾。

世界村 (THE INTERNATIONAL)

從這杯雞尾酒的名稱，就可以知道它
包含幾種不同國家的經典酒類。

- 碎冰
- 二份干邑白蘭地
- 半份伏特加
- 半份茴香烈酒 (ouzo)
- 半份君度橙酒

1. 將二杓碎冰放入公杯中，加入
   干邑白蘭地、伏特加、茴香烈
   酒和君度橙酒。

2. 攪拌均勻後，倒入冰鎮過的雞
   尾酒杯中。

3. 不需裝飾就可以端出供客人飲
   用。有時可以插上一小面國旗
   當作裝飾。

寡婦之吻 (WIDOW'S KISS)

在美國的新英格蘭地區，居民利用蘋果西打蒸餾，製成蘋果白蘭地（applejack）。這種飲料類似法國的卡爾瓦多斯（Calvados）。這種蘋果白蘭地的酒精含量頗高，約為45度。

- 碎冰
- 一份蘋果白蘭地
- 一份班尼狄克丁甜酒
- 半份黃色夏翠思香甜酒
  （*yellow chartreus*）
- 少許安古斯特拉比特苦汁
- 一顆新鮮草莓

1. 將一杓碎冰加入雞尾酒雪克杯中，加入蘋果白蘭地、班尼狄克丁甜酒、夏翠思香甜酒和苦汁。

2. 搖晃均勻後倒入雞尾酒杯中。

3. 把新鮮草莓放入酒杯中，使其漂浮在酒上當作裝飾，端出供客人飲用。

勞斯萊斯
(THE ROLLS ROYCE)

　　這杯雞尾酒當初就是設計在勞斯萊斯後座飲用的。飲用這杯酒時，可以想像自己坐在勞斯萊斯後座，司機駕車安靜地駛過英國的鄉村小路。

- 碎冰
- 一份干邑白蘭地
- 一份君度橙酒
- 一份柳橙汁

1. 三杓碎冰放入雞尾酒雪克杯中，加入干邑白蘭地、君度橙酒和柳橙汁。

2. 搖晃均勻後倒入冰鎮過的雞尾酒杯中。

3. 不需裝飾就可以端出供客人飲用。

尖塔工人 (STEEPLEJACK)

　　卡爾瓦多斯蘋果酒（Calvados）是蒸餾過的蘋果西打，這是法國某些地區釀造的烈酒，像諾曼地的居民就很常飲用蘋果西打。其他國家則是生產蘋果白蘭地。

- 一份卡爾瓦多斯蘋果酒（可以用蘋果白蘭地代替）
- 一份半冰蘋果汁
- 一份半蘇打水
- 一茶匙萊姆汁
- 一片檸檬

1. 卡爾瓦多斯蘋果酒、蘋果汁、蘇打水和萊姆汁加入公杯中，輕輕攪拌。

2. 將混合物倒入高球杯，加滿冰塊。

3. 放檸檬片當裝飾。

勞斯萊斯（圖前）猶如勞斯萊斯汽車般高雅。
尖塔工人（圖後）是一種味道持久、冰涼的飲品，散發獨特的蘋果風味。

「波爾多紅葡萄酒是給男孩喝的酒，
也是男人的葡萄酒，
但是胸懷大志的男人應該喝白蘭地。」

山繆爾・約翰遜(Samuel Johnson)

查爾斯頓舞 (CHARLESTON)

查爾斯頓舞是美國禁酒時期最流行的舞蹈，象徵著這個淫靡的新時代。年輕女孩已經可以在公共場合中露出腳踝，穿著著曲線畢露、質料輕薄的服裝，不再需要將自己包得密不透風。這杯飲料雖然代表著從舊時代解放的年輕女性，但仍吸引許多現在的飲酒者。

- 一份柳橙拿破崙香甜酒（甜露酒）（mandarin Napoleon liqueur）
- 一份櫻桃白蘭地
- 冰塊
- 檸檬水（調味用）

1. 柳橙拿破崙香甜酒和櫻桃白蘭地倒入公杯中，混合均勻。

2. 高球杯加滿冰塊，倒入雞尾酒。

3. 加入檸檬汁，端出供客人飲用。

老式牛津大學潘趣酒
(OLD OXFORD UNIVERSITY PUNCH)

在牛津大學求學時正值冬天，通風良好的老舊校舍流竄著冰冷的空氣，這時捧著一杯溫暖的潘趣酒可以驅走寒冷，爲無聊的課程增添樂趣。

- *一杯紅糖*
- *滾水*
- *三杯檸檬汁*
- *一瓶干邑白蘭地*
- *一瓶深色德麥拉蘭姆酒（dark Demerara rum）*
- *肉桂棒和整顆丁香*

1. 紅糖放入加水的平底深鍋中，煮到融化。保持溫熱，但不要讓水沸騰。紅糖融化後，加入檸檬汁和干邑白蘭地。

2. 倒入大部分的蘭姆酒，瓶中約留下半杯酒的量。

3. 剩下的蘭姆酒倒入杓中加熱。將杓中的蘭姆酒點燃，再把正在燃燒的蘭姆酒灑在潘趣酒表面即可。如果火舌仍然忽明忽滅，可用鍋蓋蓋熄火焰。

蘋果薑汁潘趣酒
(APPLE GINGER PUNCH)

　　薑汁可以用來調製許多飲料，增加強烈的辛辣味。蘋果薑汁潘趣酒結合了薑汁啤酒和薑汁酒的風味，調配出最提神的宴會飲料。

- 一大塊冰塊
- 一瓶卡爾瓦多斯蘋果酒
- 半杯黑櫻桃甜酒
- 半杯櫻桃白蘭地
- 一瓶薑汁酒
- 三杯鳳梨或葡萄柚汁
- 四顆蘋果（紅蘋果或青蘋果）
- 三瓶薑汁啤酒

1.冰塊放入潘趣酒碗中，倒入卡爾瓦多斯蘋果酒、黑櫻桃甜酒、櫻桃白蘭地、薑汁酒和果汁。

2.蘋果切成半月形，放入潘趣酒中。

3.端出供客人飲用前，在潘趣碗中加入薑汁啤酒。

琴酒（GIN）

　　琴酒是最常用來調製雞尾酒的基酒，例如最有名的雞尾酒「馬丁尼」。在禁酒時期，最常用來調配雞尾酒的琴酒是「浴缸琴酒（bathtub gin）」。因為這種琴酒通常在浴缸中非法釀製，所以得到這個稱號。「浴缸琴酒」和今日芳香的琴酒完全不同。

　　在百科全書中，對於琴酒的正式定義是「一種天然、精餾的烈酒，由穀類、馬鈴薯或甜菜蒸餾而成，再以杜松子調味」。因此，配方和釀造法的範圍相當廣。事實上，有許多種白酒都被歸類於琴酒中。

　　很多製造者都會嚴格地控管自己的琴酒配方，以杜松子果為基底，有時會加入少許的芫荽、當歸的根和種子、乾橘皮或檸檬皮、肉桂皮和鳶尾草根的粉末等當作獨門配方。

　　黑刺李琴酒（Sloe Gin）是很有名的一種琴酒，帶有黑刺李的風味。黑刺李是一種小而黑的果類。這種酒的名字使它所調製出的雞尾酒命名增添了一些趣味，有時甚至當成淫靡的雞尾酒名，像是「舒服的性愛（Sloe, Comfortable Screw）」，從名稱就可以知道這杯雞尾酒是以黑刺李琴酒、南方安逸香甜酒（Southern Comfort）及基本的螺絲起子配方調製而成的。

　　馬丁尼的種類多如牛毛，每位調酒師的馬丁尼獨家配方都不一樣，他們可能會依個人偏好選擇搖製法或攪拌法。以下為您介紹一些特色不同的馬丁尼。

左至右爲：澀馬丁尼、中性馬丁尼、甜馬丁尼。馬丁尼的種類很多，其差異通常在於苦艾酒的甜度不同，以及選用的裝飾不同。

中性馬丁尼
(MEDIUM MARTINI)

如果你用相同的量酒杯調製，中性馬丁尼的酒精濃度會比其他二種馬丁尼來的高。這杯高尚的馬丁尼不需要加入任何裝飾就可以飲用了。

● 冰塊

● 一份琴酒

● 一份澀苦艾酒

● 一份甜苦艾酒

1.將八顆冰塊放入雞尾酒混合杯中，再將琴酒和二份不同甜度的苦艾酒倒在冰塊上。

2.攪拌均勻並倒入馬丁尼杯中。

澀馬丁尼 (DRY MARTINI)

　　澀馬丁尼無疑是世界上最享譽盛名的雞尾酒，每位調酒師都有自己偏好的調製方法。以下所介紹的馬丁尼，只是眾多種類的其中之一。

● 冰塊
● 一份琴酒
● 一份澀苦艾酒
● 一顆綠橄欖

1.將四顆冰塊放入公杯中，加入琴酒和一份澀苦艾酒。

2.攪拌後倒入馬丁尼杯中。

3.以綠橄欖裝飾於小竹籤上再放入杯中，端出供客人飲用。

甜馬丁尼 (SWEET MARTINI)

　　雖然澀馬丁尼被視爲馬丁尼的經典，但是甜馬丁尼也有其獨特的迷人之處。

● 冰塊
● 一份琴酒
● 一份甜苦艾酒
● 一顆雞尾酒櫻桃

1.將八顆冰塊放入雞尾酒混合杯中。

2.加入琴酒和一份甜苦艾酒。

3.攪拌均勻後，倒入馬丁尼杯中。

4.以雞尾酒櫻桃裝飾於小竹籤上放入杯中，端出供客人飲用。

「人們都説酒是一種毒藥，
但爲什麽每個人都躍躍欲試？」

羅伯特・班奇利（Robert Benchley）

蒙哥馬利 (Montgomery)

馬丁尼的種類族繁不及備載。蒙哥馬利是海明威在二次世界大戰期間，於威尼斯的哈利酒吧所發明的。海明威認為，只有士兵與敵軍的比例為十五比一時，蒙哥馬利元帥（Field Marshal Montgomery，1887－1976年）才能與敵軍相抗衡。因此，他決定將這個比例當成琴酒和苦艾酒的比例，而調配出這杯雞尾酒。

如今，哈利酒吧已經將蒙哥馬利的配方稍作修改，並將這杯雞尾酒當成該店的專利。

● 十份琴酒
● 一份澀苦艾酒

1. 將琴酒與澀苦艾酒混合於公杯中，再倒入事先準備的馬丁尼杯中。

2. 將這些裝有調酒的馬丁尼杯放入冷凍室中，直到結凍為止。

3. 結凍後端出供客人飲用。酒一邊溶化，一邊小口地啜飲。

威尼斯的哈利酒吧是著名的雞尾酒蒙哥馬利原產地。

蒙哥馬利（上圖左、上圖中）是海明威以二次世界大戰的一位英國將軍命名的雞尾酒。紅衣主教（上圖右）則是哈里酒吧的一種雞尾酒名品，以琴酒為基酒調製而成的，可視為另一種風味的馬丁尼。

紅衣主教 (CARDINAL)

　　紅衣主教相當流行，這是一種可以事先調製備用的雞尾酒。美國和歐洲都可以買得到瓶裝的紅衣主教。

- 六份琴酒
- 一份澀苦艾酒
- 三份金巴利酒（Campari）
- 冰塊

1. 在公杯中將琴酒、苦艾酒和金巴利酒與三顆冰塊混調。

2. 倒入雞尾酒杯中，不需要裝飾就可以端出供客人飲用。

湯姆柯林斯 (TOM COLLINS)

許多人把這杯雞尾酒稱為約翰柯林斯，柯林斯是指十八世紀倫敦旅館（Limmer）的領班約翰柯林斯。他以喜歡在自己調製的飲料中，使用口味重且味道油膩的荷蘭琴酒而出名。當時這種調製法在美國還不普及。後來，某位調酒師決定改用一種產於倫敦的琴酒「Old Tom」取代荷蘭琴酒。經過改良後，這種雞尾酒廣受歡迎，成為現在這杯湯姆柯林斯。

- 一份澀琴酒
- 少許糖漿
- 一顆檸檬汁
- 蘇打水
- 冰塊
- 一片檸檬

1. 將琴酒、糖漿和檸檬汁加入高球杯中，以調酒棒攪拌。

2. 將冰過的蘇打水加滿高球杯，可以加入一顆冰塊，再以檸檬片裝飾後供客人飲用。

藍箭 (THE BLUE ARROW)

我們很少接觸到藍色的飲料或食物，所以藍色的雞尾酒很快就可以抓住眾人的目光，讓人感到新奇而躍躍欲試。

- 碎冰
- 二份琴酒
- 一份君度橙酒
- 一份萊姆香甜酒
- 一份藍橙皮酒（Blue Curacao）

1. 約二杯碎冰加入雞尾酒雪克杯中。

2. 倒入琴酒、君度橙酒、萊姆香甜酒和藍橙皮酒，用力搖晃約五秒鐘。

3. 倒入冰過的雞尾酒杯中，不需裝飾就可以直接端出供客人飲用。

藍色的飲料可以讓人興奮。藍箭（圖左）是一杯帶有神秘感的雞尾酒。湯姆柯林斯（圖右）原本的配方中含口味重的荷蘭琴酒，現今已經改為倫敦的琴酒，而調製出味道輕淡的湯姆柯林斯。

粉紅琴酒 (PINK GIN)

這是杯色澤美麗的雞尾酒，粉紅琴酒也是道地英國式的飲料。曾經環遊世界的著名航海家法蘭西斯·奇切斯特爵士（Sir Francis Chichester）曾表示，粉紅琴酒可以讓他在壯麗的航行中保持心情愉悅。

英國人調製粉紅琴酒的方式非常簡單。只加入幾滴安古斯特拉比特苦汁，旋轉酒杯使苦汁包覆杯內，再加入一份琴酒就大功告成了。

美國人所調製的粉紅琴酒則較為講究。

- 冰塊
- 二注安古斯特拉比特苦汁
- 二量酒杯澀琴酒
- 一條檸檬皮螺旋條（可依個人喜好添加）

1. 四顆冰塊放入公杯中，加入苦汁。

2. 倒入琴酒，攪拌均勻後再倒入冰過的雞尾酒杯中。

3. 不需裝飾就可以端出供客人飲用。放一條檸檬皮螺旋條裝飾。

在電影「萊蒂林頓（Letty Lynton）」中，瓊克·勞馥（Joan Crawford）從尼爾斯·阿斯瑟（Nils Asther）手中接過飲料。

布朗克斯 (BRONX)

在禁酒令時期,美國各地區都受到角頭老大控制,所以酒類在地下經濟中,扮演著不可或缺的重要角色。紐約的不同區域都有各具代表性的調酒。布朗克斯就是布朗克斯區的代表作。布朗克斯的第二項配方,就是為了偽裝而私釀的浴缸琴酒。不過,現代版的布朗克斯,已經搖身一變成為高尚優雅的雞尾酒了。

- 冰塊
- 三份琴酒
- 一份新鮮柳橙汁
- 一份澀苦艾酒

1. 將四或五顆冰塊放入雞尾酒雪克杯中,加入三份琴酒、一份新鮮的柳橙汁和一份澀苦艾酒,搖晃均勻。

2. 將調酒倒入雞尾酒杯中。不需要裝飾,就成為一杯高雅的調酒。

琴費斯 (GIN FIZZ)

　　這是一杯味道持久的冰涼飲品，在1870年代的雜誌文章中首度曝光後就造成轟動。

- 冰塊
- 一大量酒杯的琴酒
- 半顆檸檬汁
- 少許甜樹膠糖漿
- 一顆雞蛋
- 蘇打水
- 一片檸檬

1. 將四顆冰塊放入雞尾酒雪克杯中，加入琴酒、檸檬汁和甜樹膠糖漿。

2. 打破雞蛋後，依照偏好的氣泡顏色，將蛋白或蛋黃加入雪克杯中。

3. 用力搖晃三十秒，倒入高球杯中。

4. 冰蘇打水加滿高球杯，以檸檬片裝飾，就可以端出供客人飲用。

新加坡司令（圖左）在1915年時，由新加坡萊佛士酒店發明。加入蛋白的琴費斯（圖右）就是銀色費斯，加入蛋黃後，琴費斯會變成金黃色。

新加坡司令 (SINGAPORE SLING)

　　這杯雞尾酒是約瑟夫·康拉德（Joseph Conrad）和毛姆（Somerset Maugham）等作家的最愛。這是爲了取悅女性顧客而精心調製的雞尾酒，但是推出後卻廣受男女酒客喜愛。

　　以下爲您介紹的是經過修改的新加坡司令，調製方法較簡單，因爲原始的新加坡司令有八種以上的配方。

- 冰塊
- 二份澀琴酒
- 一份櫻桃白蘭地
- 一份新鮮檸檬汁
- 蘇打水
- 一片檸檬
- 一顆黑櫻桃

1. 將四顆冰塊放入雞尾酒雪克杯中，加入琴酒、櫻桃白蘭地和檸檬汁。

2. 搖晃均勻後倒入高球杯中。

3. 蘇打水注滿高球杯，以檸檬片裝飾，放上一顆小竹籤插著的黑櫻桃，就可以端出供客人飲用。

少女的祈禱

(MAIDEN'S PRAYER)

　　柳橙和檸檬給人純淨無瑕的感覺，所以橙花經常用來裝飾婚宴蛋糕。少女的祈禱就是利用這二種水果的果汁調製而成的。

- 冰塊
- 一份琴酒
- 一份君度橙酒
- 半份柳橙汁
- 半份檸檬汁

1. 將三或四顆冰塊放入雞尾酒雪克杯中，加入琴酒、君度橙酒、柳橙汁和檸檬汁。

2. 搖晃均勻後倒入雞尾酒杯中。

「糖果令人癡，香甜酒令人醉。」

　　奧登·納許（Ogden Nash）

琴湯尼 (GIN AND TONIC)

在大英帝國位於印度的軍事基地中，瘧疾一直威脅著英軍的性命，而通寧水正是瘧疾的解藥。英國女王的僕人發現加入一些琴酒調味，就能使通寧水變成一杯美味的調酒。建議在傍晚欣賞夕陽時飲用。

- 冰塊
- 大量的澀琴酒
- 通寧水（Tonic water）
- 一片檸檬

1. 三顆冰塊放入高腳杯中。加入大量琴酒，再加入通寧水將酒杯注滿。

2. 放入檸檬片，扭擠檸檬增添風味。

3. 端出供客人飲用前稍微攪拌。

螺絲鑽 (GIMLET)

螺絲鑽是一種小而銳利的牆頭釘，可以在木頭上先鑽一個小洞，讓螺絲釘更容易鑽入。螺絲鑽雞尾酒正如其名，是一杯加入檸檬皮螺旋條，味道辛辣而強烈的小杯調酒。

- 冰塊
- 二份琴酒
- 一份萊姆香甜酒
- 一條萊姆皮螺旋條

1. 二或三顆冰塊放入雞尾酒杯中，加入琴酒和萊姆香甜酒攪拌均勻。

2. 倒入裝著冰塊的低球杯中，以萊姆皮螺旋條裝飾。

琴湯尼（圖左）是大英帝國在殖民地時期最受歡迎的飲料。螺絲鑽（圖右）是雞尾酒世界中的經典，和馬丁尼一樣有許多不同種類的調製法。

法式75釐米砲 (FRENCH 75)

　　許多雞尾酒是為了慶祝不同的慶典而創造出來的。第一次世界大戰時，法國75釐米加農砲是世界上最令人畏懼的野戰砲。戰後，退役軍人在巴黎的哈利紐約酒吧聚會中發明這杯雞尾酒，以紀念火力強大的75釐米加農砲。

- 一份冰倫敦澀琴酒
- 二注甜樹膠糖漿
- 無糖冰香檳
- 一條檸檬皮螺旋條

1. 將一份琴酒倒入笛形香檳杯或雞尾酒杯中，加入二注甜樹膠糖漿。

2. 用香檳注滿酒杯。

3. 以檸檬皮螺旋條裝飾，端出供客人飲用。

婚禮佳人
(THE WEDDING BELLE)

這是一杯美麗的雞尾酒，適合用來向新娘敬酒。

● 碎冰
● 一份琴酒
● 一份杜博尼酒（Dubonnet rouge）
● 半份櫻桃白蘭地
● 一份新鮮柳橙汁

1. 將二茶匙碎冰放入雞尾酒雪克杯中，加入琴酒、杜博尼酒、櫻桃白蘭地和柳橙汁，搖晃均勻。

2. 倒入雞尾酒杯中，不需裝飾，端出供客人飲用。

吉娃娃之吻
(CHIHUAHUA BITE)

吉娃娃是一種嬌小的墨西哥犬，這杯雞尾酒就像吉娃娃一樣，是一杯小而味道強烈的調酒。

● 冰塊
● 三份倫敦澀琴酒
● 一份卡爾瓦多斯
● 一份萊姆酒
● 一條檸檬皮螺旋條

1. 將三顆冰塊放入雞尾酒雪克杯中，加入琴酒、卡爾瓦多斯和萊姆酒。

2. 搖晃均勻後倒入雞尾酒杯中。

3. 在上面扭擠檸檬皮，放入杯中裝飾，就可以端出供客人飲用。

「餐前我從來不喝比琴酒還烈的飲料。」

W.C. 費爾茲（W.C. Fields）

婚禮佳人（圖前）原本是用來向新娘敬酒的雞尾酒。吉娃娃之吻（圖後）的命名相當貼切，是一種味道強烈的小杯調酒。

蘭姆酒（RUM）

蘭姆酒是一種味道醇厚且芳香的酒類，利用單式蒸餾或連續式蒸餾法，加入糖蜜製造而成。糖蜜是從生長於熱帶氣候的甘蔗萃取出來的，因此，含有蘭姆酒的飲料通常會讓人聯想到熱帶、島嶼及海灘。

蘭姆酒和多數的蒸餾酒一樣，澄清透明，但由於是在橡木酒桶中熟成，所以通常在裝瓶之前，會先用焦糖著色。牙買加蘭姆酒是深色的，古巴蘭姆酒是淡色、金色或深色的，而波多黎各蘭姆酒則是澄清透明的。在多明尼加共和國所釀製的蘭姆酒帶有潤滑的口感，另外還有一些在海地、巴貝多、安地卡、特立尼達和委內瑞拉所製造的美味獨特的蘭姆酒。

英軍水手定量補給的Pussers蘭姆酒（來自事務長「purser」這個字），是在英屬維珍群島所製造的。這種酒作為英軍標準定量補給已經長達三個世紀。只有當接受派遣參與艱難危險的任務時，才可以領到超過配額的蘭姆酒作為嘉賞。

在狂風暴雨中，控制主帆桁的支柱在壓力下斷裂時相當危險，水手必須到桅頂固定破裂的主支柱，並將末端接合。

這個艱難的任務需要莫大的勇氣才能達成，所以完成任務的人可以領到蘭姆酒當獎賞。這也衍生出英語中「Splice the mainbrace（固定主支柱）」表示喝酒提神的說法。

利用豐厚潤口的蘭姆酒與果汁調配出一杯充滿熱帶風情的雞尾酒，是天衣無縫的佳作。目前約有數百種以蘭姆酒為基酒所調製的雞尾酒配方，可以讓熱愛調酒的你大展身手。

黛克利 (DAIQUIRI)

人類是一種充滿創造力的動物，可以適應各種不同的環境。

就像在古巴黛克利工作的美國工程師，由於不能飲用到最喜愛的波本酒而思鄉情切，但是他們發現當地有一種產量豐富的蘭姆酒可以解饞，所以他們創造出可以利用蘭姆酒代替波本酒的調酒。

黛克利就是這樣誕生的，如同許多著名的雞尾酒，黛克利也有許多不同的風貌。以下介紹的簡單版本，可以讓你當作變化的雛形。

- *冰塊*
- *一份淡色蘭姆酒（一般使用的是古巴蘭姆酒）*
- *半顆萊姆果汁*
- *半茶匙的糖*
- *一片萊姆*
- *一顆雞尾酒櫻桃*

1. 將四或五顆冰塊放入雞尾酒雪克杯中。加入蘭姆酒、萊姆汁和糖。

2. 用力搖晃後，倒入雞尾酒杯中。

3. 以萊姆片裝飾和插入小竹籤中的櫻桃當裝飾。

銅猴子 (BRASS MONKEY)

在海戰時期，存放砲彈的架子就是所謂的銅猴子（brass monkey）。

天氣酷寒時，銅製品會收縮，導致砲彈無法裝入架中而不能發射。因此有「天氣冷得連銅猴子的蛋蛋都凍掉（It is cold enough to freeze the balls off a brass monkey）」的比喻。

這種雞尾酒適合在天寒時飲用，具有很好的暖身效果，可以讓你免於像銅猴子一樣蛋蛋被凍掉的命運。

- *冰塊*
- *一份淡色蘭姆酒*
- *一份伏特加*
- *四份柳橙汁*
- *一片柳橙*

1. 高球杯裝滿冰塊，將蘭姆酒、伏特加和柳橙汁倒在冰塊上。

2. 謹慎地攪拌，以一片柳橙裝飾，插入一根美麗的吸管裝飾，就可以端出供客人飲用。

海明威愛在古巴哈瓦納的La Floradita酒吧點雙份的黛克利（圖左）。銅猴子（圖右）的名字源自海軍艦隊上的砲彈銅架。

花開黛克利
(DAIQUIRI BLOSSOM)

　　並非所有人都喜歡黛克利辛辣的特殊風味。黛克利也許可以解工程師的思鄉病,但是在舒適的家中或慵懶的酒吧中,您則可以嘗試味道較香甜的黛克利。這種改良過的黛克利,具有迷人的熱帶風情。

- *冰塊*
- *一份淡色蘭姆酒*
- *一份新鮮現榨柳橙汁*
- *少許櫻桃酒*
- *一片柳橙*

1. 將四或五顆冰塊放入雞尾酒雪克杯中。加入蘭姆酒、新鮮現榨的柳橙汁和少許櫻桃酒。

2. 搖晃均勻後注入雞尾酒杯中。

3. 以小竹籤穿過柳橙薄片和櫻桃裝飾於杯緣,端出供客人飲用。

香蕉黛克利
(BANANA DIAQUIRI)

在泰瑞・普萊契（Terry Pratchett）享譽盛名的小說中，有個角色是一隻非常喜歡香蕉黛克利的猩猩。全世界的書迷紛紛把這種飲料的配方寄給普萊契。以下是一位南非書迷所提供的配方。

- 二份淡色蘭姆酒
- 一份香蕉香甜酒
- 一份新鮮萊姆汁
- 半根中型的香蕉
- 碎冰
- 一片奇異果

1. 將蘭姆酒、香蕉香甜酒、萊姆汁和香蕉放入果汁機中，攪拌約十秒，直到混合物變得柔細綿密。

2. 加入二大杓碎冰至果汁機中，攪拌一或二秒鐘，讓飲料變得冰涼。

3. 倒入高腳杯中，以一片奇異果裝飾（也可以用香蕉代替）。插入一根吸管後，就可以端出供客人飲用。

冰鳳梨黛克利
(FROZEN PINEAPPLE DAIQUIRI)

你可以根據這種雞尾酒的配方，做一點變化，創造出更富異國情調的黛克利。不僅讓視覺徜徉在熱帶島嶼中，更是味覺上的一大享受。

- 一份淡色蘭姆酒（天然釀製）
- 半顆萊姆果汁
- 二茶匙君度橙酒
- 二片份成熟鳳梨切塊
- 碎冰
- 一顆雞尾酒櫻桃

1. 將蘭姆酒、萊姆汁、君度橙酒和鳳梨塊倒入果汁機中，攪拌混合物，直到質地棉細如泡沫般。

2. 加入碎冰，將香檳注入酒杯中至半滿，再將混合物加入杯中。

3. 放上一塊鳳梨，再將調酒棒穿過櫻桃裝飾，端出供客人飲用。

黛克利和馬丁尼一樣，有各種版本，如香蕉黛克利（圖左）、花開黛克利（圖中）及冰鳳梨黛克利（圖右）。

「在早晨清冷灰暗的黎明中，
　實在很難高興得起來。」

喬治・艾迪　（George Ade）

蜜蜂之吻 (BEE'S KISS)

從名稱就不難猜出這杯甜美的雞
尾酒配方包含了蜂蜜。蜂蜜雖然香
甜，但是蜜蜂之吻卻令人不敢領教。

● *碎冰*
● *二份淡色蘭姆酒*
● *一份透明蜂蜜*
● *一份濃奶精*

1. 將一杯碎冰加入雞尾酒雪克杯中，
   再倒入蘭姆酒、蜂蜜和奶精。

2. 用力搖晃，直到混合均勻。

3. 倒入冰過的雞尾酒杯中，不需裝飾
   就可以端出供客人飲用。

床笫之間
(BETWEEN THE SHEETS)

　　在忙碌紛擾的一天中，最完美的句點就是在一塵不染、乾淨和舒適的床單之中繾捲。這杯雞尾酒濃縮了躺在床上拋棄一切煩惱的感覺。

● 冰塊
● 一份淡色蘭姆酒
　 一份白蘭地
● 一份君度橙酒

● 一茶匙檸檬汁
● 一條檸檬皮螺旋條

1. 將五或六顆冰塊放入雞尾酒雪克杯中，加入蘭姆酒、白蘭地、君度橙酒和一茶匙檸檬汁。

2. 搖晃均勻後倒入雞尾酒杯中。

3. 加入一條檸檬皮螺旋條裝飾，端出供客人飲用。

亨利摩根之格羅格
(HENRY MORGAN'S GROG)

格羅格酒是蘭姆酒摻入等份的水，這是由英國海軍上將艾德華‧弗農（Edward Vernon）所發明的，因為他習慣穿著grogram（絲與毛的混合織物）的披風而得外號「Old Grog」，所以他發明的摻水蘭姆酒也得到「格羅格（grog）」這個名稱。摩根船長的格羅格與一般的格羅格不一樣，味道更猛烈。

● 碎冰
● 一份深色牙買加蘭姆酒
● 二份法國綠茴香酒（Pernod）
● 二份威士忌
● 一份濃奶精
● 肉豆蔻粉

1. 將一杓碎冰放入果汁機或雞尾酒雪克杯中，加入蘭姆酒、法國綠茴香酒、威士忌和濃奶精。

2. 以果汁機快速攪拌或用雪克杯搖晃，混合均勻。倒入低球杯中。

3. 在端出前撒上少許肉豆蔻粉。

杏仁派 (APRICOT PIE)

這是一杯新鮮的迷你雞尾酒，清新的味道適合夏日飲用。濃郁而充滿果香的味道，總是讓人意猶未盡，欲罷不能。

● 碎冰
● 一份淡色蘭姆酒
● 一份甜苦艾酒
● 一茶匙杏仁白蘭地，可依個人口味調整
● 一茶匙新鮮檸檬汁，可依個人口味調整
● 一茶匙石榴糖漿，依個人口味調整
● 裝飾用的柳橙皮

1. 將一大杓碎冰放入雞尾酒雪克杯或果汁機中，加入蘭姆酒、甜苦艾酒、杏仁白蘭地、新鮮檸檬汁和石榴糖漿。

2. 搖晃或攪拌均勻後，倒入冰過的雞尾酒杯中。

3. 將柳橙皮在飲料上扭轉擠壓，釋出柳橙的風味，放入杯中裝飾，端出供客人飲用。

亨利摩根之格羅格（圖後）是海盜版的格羅格酒，混雜等份的蘭姆酒和水。杏仁派（圖前）是夏日炎熱的天候下，最消暑的雞尾酒。

湯姆與傑利
(TOM AND JERRY)

　　這杯經典的雞尾酒名稱並不是來自著名的卡通湯姆與傑利。這杯雞尾酒是1850年代由傑利·湯瑪士（Jerry Thomas），在其位於密蘇里州聖路易斯著名的農舍（Planter's House）酒吧中發明的。湯姆與傑利的名字是由傑利湯瑪士轉變而來的。

● 一顆雞蛋
● 半份糖漿（可依個人口味調整）
● 一份深色牙買加蘭姆酒
● 一份干邑白蘭地
● 滾水
● 肉豆蔻粉

1.雞蛋的蛋黃和蛋白分別攪拌後混合，加入糖漿。

2.將混合物放入溫咖啡杯中，加入蘭姆酒和干邑白蘭地，再注入滾熱水至滿。

3.撒上少許磨碎的肉豆蔻粉，在滾熱的狀態下端出供客人飲用。

殭屍 (THE ZOMBIE)

　　殭屍是返生的屍體。這杯雞尾酒被稱為殭屍，可能是因為它可以促使飲用者恢復元氣。

● 冰塊
● 一份深色蘭姆酒
● 一份淡色蘭姆酒
● 一份杏仁白蘭地
● 一份新鮮鳳梨汁
● 檸檬汁
● 柳橙汁
● 一片鳳梨
● 一顆裝飾用的櫻桃

1.四顆冰塊放入雞尾酒雪克杯中，加入深色和淡色的蘭姆酒、杏仁白蘭地、鳳梨汁。擠壓檸檬和柳橙汁。

2.搖晃均勻，倒入葡萄酒高腳杯中。

3.利用小竹籤將依片鳳梨和櫻桃串在一起，裝飾於杯緣上，端出供客人飲用。

殭屍（圖前）和湯姆與傑利（圖後）是二種以蘭姆酒為基酒的雞尾酒，具有祛寒治感冒的效果，可以讓人忘卻寒冬的凜冽。

自由古巴 (CUBA LIBRE)

　　這是一杯經典的雞尾酒，在可口可樂於1890年代發明後不久，由一位古巴的軍官所調配出。

- *碎冰*
- *一份淡色蘭姆酒*
- *一顆萊姆汁*
- *可樂*
- *一片萊姆*

1.在高球杯中放入一小杓碎冰，倒入蘭姆酒和萊姆汁。

2.加入可樂注滿酒杯，以一片半月形的新鮮萊姆裝飾。

3.可搭配一根調酒棒或攪拌棒。

亞歷山大·柯克蘭（*Alexander Kirkland*）在電影「人性（*Humanity*）」中餵艾琳·瓦德（*Irene Ward*）吃橄欖。

高大島民
（THE TALL ISLANDER）

「高大」指的是飲料的高度，而非發明者的身材高大。這是一種味道持久且冰涼的飲品，具有與眾不同的熱帶風味。

- 冰塊
- 一份淡色蘭姆酒
- 少許深色牙買加蘭姆酒
- 一份鳳梨汁
- 少許萊姆汁
- 一茶匙糖漿
- 冰蘇打水
- 一片萊姆

1. 將四顆冰塊放入雞尾酒雪克杯中，加入淡色和深色蘭姆酒、少許萊姆汁、一份鳳梨汁和一茶匙糖漿。

2. 搖晃均勻後倒入高球杯中。

3. 加入少量的冰蘇打水和冰塊。

4. 以檸檬片裝飾，端出供客人飲用。

魔鬼之尾（圖前）是一小杯如火燄般炙熱的飲料，可以當作晚餐結束時的餐後酒。英美式熱牛奶蘭姆酒（圖後）是適合冬天時飲用的經典雞尾酒，與 Gluhwein（熱紅酒）和湯姆與傑利一樣受歡迎。

魔鬼之尾(THE DEVIL'S TAIL)

抓住魔鬼的尾巴需要非常大的勇氣,這杯濃烈的雞尾酒獻給勇於嘗試的飲酒客。

- 碎冰
- 三份淡色蘭姆酒
- 一份伏特加
- 一份杏仁香甜酒
- 一份萊姆汁
- 少許石榴糖漿
- 萊姆皮

1. 將一杓碎冰放入雪克杯或果汁機中,加入蘭姆酒、伏特加、杏仁香甜酒、萊姆汁(最好是現榨的新鮮萊姆汁)和石榴糖漿。

2. 搖晃或攪拌均勻,倒入低球杯中。

3. 在杯子上方扭擠萊姆皮,置入杯中增添風味,端出供客人飲用。

熱牛奶蘭姆酒
(HOT BUTTERED RUM)

在蘭姆雞尾酒的調配食譜中,如果沒有包含熱牛奶蘭姆酒,就不算完整的配方。這是一杯溫暖人心、風味持久的飲品。在嚴寒的冬夜裡,窩在熊熊的柴火前喝上一杯暖到心底的雞尾酒,實在是一大享受。查理·狄更斯曾經在他的著作艱苦時代(Hard Times)中提到熱牛奶蘭姆酒,書中人物Bounderby對太太Sparisit說:「在妳就寢前,飲用一杯熱騰騰的蘭姆加牛奶吧!」

- 一顆檸檬或柳橙皮
- 丁香
- 一茶匙紅糖
- 一根肉桂棒
- 一份深色牙買加蘭姆酒
- 半份可可香甜酒
- 一小塊無鹽奶油
- 肉豆蔻粉

1. 在一個大咖啡杯中注入滾水,靜待一分鐘,使咖啡杯變暖。在暖杯時,將丁香插在檸檬或柳橙皮上,越多越好。

2. 倒光咖啡杯裡的熱水後,置入已經裝飾好丁香的檸檬或柳橙皮,同時放入紅糖和肉桂棒。加入少許滾水,攪拌到紅糖融化。

4. 取出肉桂棒,放入奶油,攪拌後撒上少許肉豆蔻粉,端出供客人飲用。

絨毛鴨 (FLUFFY DUCK)

　　許多含奶精的雞尾酒會以動物或鳥類命名。之前已經介紹的驢子、粉紅松鼠和蚱蜢，現在來嘗試鴨子的味道吧！

- 一份淡色蘭姆酒
- 一份蛋酒（*advocaat*，蛋黃和白蘭地酒調製而成，酒精度較低*）
- 冰檸檬汁
- 半份奶精
- 一顆新鮮草莓和一小枝薄荷

1. 巴卡迪（Bacardi）蘭姆酒和蛋酒倒入高球杯中，冰涼的檸檬汁加入杯中至幾乎全滿。

2. 利用湯匙背面，緩緩地將奶精滴至飲料的表面，再以草莓和一小枝薄荷裝飾，端出供客人飲用。

騾子是一種融入許多風味的雞尾酒。這杯雞尾酒名稱的由來，可能是因為它和蹦蹦跳跳的騾子一樣活力有勁。

驢子 (EL BURRO)

　　飲用這杯美味的雞尾酒時一定要適可而止，否則可能會大出洋相。

- 碎冰
- 一份咖啡香甜酒（Kahlua）
- 一份半深色蘭姆酒
- 一份半椰漿
- 二份奶精
- 半根香蕉
- 一小枝新鮮薄荷
- 數片香蕉

1. 除了薄荷和香蕉之外，將二匙碎冰加入果汁機中，放入所有的配方。

2. 快速攪拌約十秒鐘。

3. 倒入大的高腳杯後，以香蕉片和一小枝薄荷裝飾，就可以端出供客人飲用。

沙拉帕潘趣酒
(XALAPA PUNCH)

　　這杯雞尾酒可能源自於墨西哥維拉克魯茲省中心的沙拉帕市。

　　再提醒一次，要以雞尾酒碗大小選用量杯。如果是非正式場合，任何大型的碗都可以派上用場。我曾經看到有人用有銅框的木製水桶裝潘趣酒，不僅有創意，更增添了趣味。

- 二個大顆柳橙皮磨碎
- 二份濃紅茶
- 蜂蜜或糖漿，依個人口味添加（約一杯）
- 一份黃金蘭姆酒
- 一份蘋果白蘭地（Calvados）
- 一份紅葡萄酒
- 一大塊冰塊磚
- 柳橙和檸檬片

1. 將磨碎的柳橙皮放入平底深鍋中。熱茶倒在果皮上，吸收柳橙的風味。放置室溫下冷卻後加入蜂蜜（可依個人口味加糖）。攪拌至融化為止。

2. 加入蘭姆酒、蘋果白蘭地和紅葡萄酒，放入冷藏室中冰鎮。

3. 端出時，將一大塊冰磚放入潘趣碗中，倒入已調配好的水果酒，並以柳橙及檸檬片裝飾。

殭屍潘趣酒
(ZOMBIE PUNCH)

　　這杯飲料如同殭屍般，給人黑暗陰鬱的神秘感。但實際上，這杯雞尾酒的風味卻充滿生命力。

- 二份淡色波多黎各蘭姆酒。
- 一份深色牙買加蘭姆酒
- 一份橙皮酒
- 一份新鮮萊姆汁
- 一份新鮮柳橙汁
- 四分之一份檸檬汁
- 四分之一份木瓜汁
- 四分之一份鳳梨汁
- 少許法國綠茴香酒
- 一大塊冰塊
- 鳳梨切片

1. 在一個大的潘趣碗中，混合所有的液體配料，再將冰塊放入碗中央，靜置數小時讓混合的液體變冰涼。

2. 在賓客抵達前，先嘗嘗味道，加入適合的果汁或酒調味。

3. 在端出前以鳳梨片裝飾。

伏特加（VODKA）

　　伏特加這個字是來自俄文的Zhiznennia voda，意指生命之水。伏特加也稱爲wodka（意思是「少量的水」），是一種由許多農作物蒸餾而成的烈酒，例如馬鈴薯和甘蔗等。經過蒸餾後的酒再以木炭過濾，以去除油脂和微量的不純物，得到的酒就可以當作雞尾酒完美的基本材料。雖然伏特加的酒精濃度稍高，但不會改變飲品的風味。在伏特加中摻入檸檬水，就成爲檸檬伏特加。

　　1946年時，伏特加風靡美國。當時因爲戰爭配給而造成物資短缺，喜歡飲酒的人把所有含酒精的飲料都當成杯中物。思美洛（Smirnoff）伏特加在當時是非常稀有的飲料，因爲伏特加是那時唯一可以取得的酒類。

　　以伏特加調製的飲料中，最具代表性的是「螺絲起子（Screwdriver）」。這杯雞尾酒含有伏特加和柳橙汁，據說是一位建築工人所發明的，因爲他希望爲午餐平淡無奇的柳橙汁增加一些新鮮刺激的口感。只要少量的伏特加，就會讓柳橙汁產生截然不同的味道。再用螺絲起子攪拌一下，讓伏特加的風味與柳橙汁融合在一起，創造出獨特的新飲料。

　　伏特加是初學調酒者理想的實驗性雞尾酒。無論有什麼新的調酒用飲料上市，只要加入伏特加，就可以創造出一種新的雞尾酒。伏特加最好儲藏在冰箱中，冰到透心涼的溫度最適合飲用。純酒主義者喜歡喝不調味的伏特加，對他們而言，一次飲盡小杯的伏特加是人生一大樂事。

Q馬丁尼 (THE Q MARTINI)

　　許多雞尾酒是依照007系列小說和電影而命名的，其中的女上司Q，就是這杯充滿魅力的淡藍色飲料名字的由來。

- *冰塊*
- *二份伏特加*
- *少量藍橙君度酒（Blue Curacao）*
- *半份萊姆汁*
- *一條檸檬皮螺旋條*

1. 將三顆冰塊放入雞尾酒公杯中，加入伏特加、藍橙君度酒和萊姆汁。

2. 攪拌到完全均勻爲止，注入雞尾酒杯中。

3. 以一條檸檬皮螺旋條裝飾，端出供客人飲用。

血腥瑪莉 (BLOODY MARY)

　　血腥瑪莉是世界上最著名的伏特加雞尾酒，這杯誘惑人的飲料有許多不同的配方。

　　在當時，要有很大的勇氣才能創造出這麼一杯獨特的飲品。發明者必須發揮想像力，將二種風馬牛不相及的飲料混合在一起，其中包含像火一般炙烈、澄清晶透的伏特加，以及濃稠、口感粗糙的番茄汁。事實上，無論如何調製，都可以創造出血腥瑪莉特有的口感和味道。

- *冰塊*
- *二份伏特加*
- *六份番茄汁*
- *一茶匙番茄醬*
- *少許梅林辣醬油*
- *少許辣醬*
- *一小撮香芹鹽（Celery salt）*
- *一根芹菜*
- *少許細磨白胡椒*

1. 將四顆冰塊放入雞尾酒雪克杯中，加入伏特加和番茄汁。

2. 加入番茄醬、梅林辣醬油、辣醬和香芹鹽。

3. 混合均勻後，倒入高球杯中。

4. 以一根芹菜裝飾。

5. 輕輕撒上少許白胡椒就大功告成了（可以黑胡椒代替，但是這樣無法引起食慾，看起來很像菸灰不小心彈到杯子裡）。

這是另外一種伏特加雞尾酒Q馬丁尼（圖左），帶有十分吸引人的藍色色澤。血腥瑪莉是巴黎哈里紐約酒吧的調酒傳奇之一（圖右），這杯雞尾酒的命名取自於好萊塢迷人的女星瑪麗‧畢克馥（Mary Pickford）。

伏特加丁尼 (VODKATINI)

　　許多人對於哪些因素造成雞尾酒的流行很感興趣，所以研究個中原因的人不少。伏特加馬丁尼是目前世界上極著名的雞尾酒。馬丁尼之所以流行，是因為007電影虛構出的主角詹姆斯‧龐德，在過去的三十六年中都熱愛飲用伏特加馬丁尼的緣故。

- 冰塊
- 二份伏特加（最好是俄國製伏特加）
- 一份澀苦艾酒
- 一條檸檬皮螺旋條

1. 將約五顆冰塊放入公杯中，加入伏特加和苦艾酒，攪拌均勻。

2. 將混合物倒入雞尾酒杯中，以檸檬皮螺旋條裝飾，端出供客人飲用。

「有位女人讓我開始貪戀杯中物，但我甚至忘了謝謝她。」

菲爾德（W. C. Fields）

俄羅斯咖啡
(RUSSIAN COFFEE)

俄國人除了釀製的伏特加享譽盛名之外,他們可以喝下大量伏特加而面不改色的好酒量也是遠近馳名的。因此,對他們而言,區區一杯普通咖啡根本無法驅走西伯利亞的嚴寒。在不同的調酒師手中,這杯雞尾酒的風格各異其趣。

● 一份伏特加
● 一份咖啡香甜酒(*Tia Maria*或 *Kahlua*)
● 一份奶精
● 半杯碎冰
● 可可粉(可依個人喜好選擇使用)

1. 所有配方倒入果汁機中,用力攪拌約十分鐘。

2. 將半成品倒入冰的香檳淺碟中,再以奶精滴入杯中,畫出一圈圈優美的白色弧線。

3. 撒上少許可可粉於液體表面,可增添風味。

藍色珊瑚礁 (BLUE LAGOON)

　　藍色珊瑚礁是一杯清涼、冰藍色的夏日雞尾酒。藍色的飲料容易讓人神往。

- 碎冰
- 三份伏特加
- 一份藍橙君度酒
- 三份鳳梨汁
- 三注綠色查特酒（*green chartreuse*）
- 一片鳳梨
- 一顆雞尾酒櫻桃（*可依個人喜好選擇使用*）

1. 將半杯碎冰放入雞尾酒雪克杯中，加入伏特加、藍橙君度酒、鳳梨汁和綠色查特酒。

2. 搖晃均勻後，倒入低球杯中。

3. 以一片鳳梨裝飾。若希望增加色彩的繽紛度，可以再加入一顆雞尾酒櫻桃裝飾，然後端出供客人飲用。

藍色珊瑚礁可以增添雞尾酒派對中的神秘氣息（圖左）。黑色哥薩克（圖右）是一種做法簡單的飲料，只需加入伏特加和健力士黑啤酒即可。

黑色哥薩克
(BLACK COSSACK)

　　為什麼所有人都喜歡把健力士黑啤酒（Guinness stout）和其他飲料混在一起，答案只有天曉得！黑色哥薩克是一種簡單的雞尾酒，在某些地區非常流行。

- 一大杯伏特加
- 一瓶健力士黑啤酒

1. 只需要將伏特加小心地倒入黑啤酒中即可飲用。

2. 不要攪拌或搖晃，否則氣泡會一湧而出。

羅伯特‧蒙哥馬利（Robert Montgomery）在電影「茱蒂‧林頓（Letty Lynton）」中舉杯的劇照。

公牛砲彈 (BULL SHOT)

繼血腥瑪莉之後，公牛砲彈是另
一種將伏特加與鹹味香料成功結合的
調酒。公牛砲彈最有名的特色之一，
就是具有治療宿醉後憂鬱的效果。

● 冰塊
● 一份伏特加
● 三份冰的澄清牛肉高湯
● 一注檸檬汁
● 一注梅林辣醬油

● 一撮西芹鹽
● 一片檸檬

1. 將五或六顆冰塊放入公杯中，加入
   伏特加和牛肉高湯。

2. 將檸檬汁、梅林辣醬油和西芹鹽混
   在一起。

3. 攪拌均勻，倒在低球杯中的冰塊上。

4. 用檸檬裝飾，端出供客人飲用。

撞牆哈威
(HARVEY WALLBANGER)

　　這杯飲料的名字非常有趣，源自衝浪比賽中與冠軍擦身而過的選手哈威。他無法接受自己的失敗，於是到曼哈頓海岸的潘丘酒吧（Pancho's Bar）狂飲伏特加和加利安諾茴香甜酒（Galliano）洩憤。酩酊大醉的他用頭猛撞牆。他的朋友只好帶他回家，阻止他這種自殺性的狂飲。

　　無論這個傳說是真或假，這杯雞尾酒的名字就是如此有趣，這也是世界各地廣受歡迎的一種調酒。

● 冰塊
● 二份伏特加
● 五份新鮮柳橙汁
● 一份加利安諾茴香甜酒
● 一片柳橙

1. 將四或五顆冰塊放入雞尾酒雪克杯中，加入伏特加和柳橙汁。

2. 搖晃均勻後倒入高球杯中。

3. 加入二顆冰塊，和加利安諾茴香甜酒，使冰塊漂浮在飲料頂端。

4. 以一片柳橙裝飾於杯緣再插入一根吸管，端出供客人飲用。

莫斯科騾子
(MOSCOW MULE)

目前已經有市售的罐裝莫斯科騾子了，但是自己調製的飲料絕對更有味道，你可以加入個人喜好和風格。雞尾酒是一種以創意為名的遊戲。

● 冰塊
● 一大份伏特加
● 一茶匙萊姆汁
● 薑汁啤酒
● 一片新鮮萊姆

1. 將二顆冰塊放入冰過的高球杯中，倒入伏特加和萊姆汁。

2. 攪拌均勻後，倒入薑汁啤酒

3. 用萊姆裝飾，端出供客人飲用。

窩瓦河船夫
(THE VOLGA BOATMAN)

我非常懷疑窩瓦河的船夫能否負擔得起這杯雞尾酒，當然，如果他的船是豪華遊艇就另當別論了。

● 碎冰
● 一份伏特加
● 一份櫻桃白蘭地
● 一份新鮮柳橙汁
● 一顆黑櫻桃

1. 三匙碎冰放入雞尾酒雪克杯，加入伏特加、櫻桃白蘭地和柳橙汁。

2. 搖晃均勻後，倒入雞尾酒杯中。

3. 將插在小竹籤上的櫻桃裝飾於杯緣，端出供客人飲用。

「如果你沒有直挺挺地躺在地板上，
就表示你還沒醉。」

狄恩·馬丁（Dean Martin）

莫斯科騾子（圖左）和窩瓦河船夫（圖右）都是伏特加和水果風味成功混搭後的雞尾酒。

白俄羅斯 (WHITE RUSSIAN)

　　這杯口感滑順的白色雞尾酒，會讓人聯想到西伯利亞紛飛的大雪。在寒冷的雪夜裡，最適合飲用這杯可以安撫身心的雞尾酒。

● 碎冰
● 一份伏特加
● 一份白色可可香甜酒
● 一份濃奶精

1. 將二匙碎冰放入雞尾酒雪克杯中，加入伏特加、可可香甜酒和奶精。

2. 將混合物搖晃均勻，倒入冰的雞尾酒杯中。不需裝飾就可以端出供客人飲用。

香蕉潘趣酒
(BANANA PUNCH)

　　這是一杯具有熱帶風情的飲品，利用三種水果調味，創造出熱帶叢林般的口感。

● 碎冰
● 一份伏特加
● 一份杏仁白蘭地
● 半顆萊姆汁
● 蘇打水
● 一根香蕉切片
● 一小枝新鮮薄荷

1. 一杓碎冰放入雞尾酒雪克杯，加入伏特加、杏仁白蘭地和萊姆汁。

2. 搖晃均勻後，倒入高球杯中。

3. 以蘇打水將高球杯注滿，用香蕉切片和一小枝新鮮薄荷裝飾，端出供客人飲用。

白俄羅斯（圖左）是一種味道濃郁且含有大量奶精的雞尾酒，而香蕉潘趣酒（圖右）則是一種最美味、也最危險的調酒，會讓你欲罷不能地喝上一整晚。

伏特加螺絲錐
(VODKA GIMLET)

我們常常會喝到與伏特加相似的飲品。這些雞尾酒原本是以琴酒調配而成的。伏特加螺絲錐是典型的伏特加調酒，就像經典的螺絲錐一樣，有很多不同的配方。在此提供最基本的配方，你可以善加變化，發揮創意，調配出個人獨創的雞尾酒。

● 冰塊
● 二份伏特加
● 一份玫瑰萊姆汁（著名萊姆濃縮汁商標）
● 一茶匙糖漿
● 一片柳橙

1.將三顆冰塊放入雞尾酒雪克杯中，加入伏特加、萊姆汁和糖漿。

2.搖晃均勻，過濾至雞尾酒杯中。用柳橙裝飾，端出供客人飲用。

薩爾瓦多 (SALVATORE)

這是三種華麗的雞尾酒之一，以巧妙的比例結合了甜味及酸味（當然也要調配得當才能達到完美的效果）。

● 冰塊
● 二份伏特加
● 一份櫻桃白蘭地
● 一份君度橙酒
● 一份新鮮葡萄柚汁
● 一顆馬拉斯奇諾櫻桃

1.將四顆冰塊放入雞尾酒雪克杯中，加入伏特加、櫻桃白蘭地、君度橙酒和葡萄柚汁。

2.混合均勻後，過濾至雞尾酒杯中。

3.將小竹籤插著櫻桃裝飾在雞尾酒杯上，端出供客人飲用。

伏特加螺絲錐（圖左）和味道強烈的薩爾瓦多（圖右），將甜味和酸味巧妙地結合在一起。

蘇格蘭青蛙 (SCOTCH FROG)

　　爲什麼這麼美味的潘趣酒竟然有這種名字，沒有人知道答案。可能是因爲它的味道很像威爾斯燴乳酪。據說威爾斯燴乳酪是窮苦的威爾斯人家用來取代兔肉的，但是自傲的蘇格蘭人怎麼可能以青蛙當做代替品呢？

- 冰塊
- 二份伏特加
- 一份加利安諾茴香甜酒
- 一份君度橙酒
- 一顆萊姆汁
- 少許安古斯特拉比特苦汁
- 馬拉斯奇諾櫻桃汁或櫻桃香甜酒

1.將三顆冰塊放入雞尾酒雪克杯中，加入伏特加、加利安諾茴香甜酒、君度橙酒、萊姆汁、安古斯特拉比特苦汁、馬拉斯奇諾櫻桃汁或櫻桃香甜酒。

2.混合均勻後，過濾至雞尾酒杯中。

3.不需要裝飾就可以直接端出供客人飲用。

「我很害怕那些只喝開水的人，
因爲他們會記得我昨晚
說過的所有話。」

希臘諺語

黑色彈珠
(THE BLACK MARBLE)

　　如同雞尾酒世界中許多著名的經典，黑色彈珠也是簡單而容易調製的飲品，但味道卻非常特別。

- 冰塊
- 一顆大的黑橄欖
- 一份品質良純的波蘭或俄羅斯伏特加
- 一片柳橙

1.將低球杯或葡萄酒高腳杯放滿冰塊。黑橄欖放在杯內的冰塊正中央，伏特加倒在黑橄欖上。

2.以一片新鮮柳橙裝飾後，端出供客人飲用。

黑色彈珠（圖前）有澀馬丁尼般簡單樸素的風味。蘇格蘭青蛙（圖後）的萊姆酸味，被香甜酒的甜味調和了。

櫻桃伏特加
(CHERRY VODKA)

伏特加幾乎可以搭配各種水果風味,這杯美味可口的雞尾酒就是很好的證明。

- *碎冰*
- *二份冰伏特加*
- *一份新鮮萊姆汁*
- *一份櫻桃香甜酒*
- *一顆馬拉斯奇諾櫻桃*

1.將三匙碎冰放入雞尾酒雪克杯中,加入伏特加、萊姆汁和櫻桃香甜酒,搖晃均勻。

2.混合物過濾至冰過的雞尾酒杯中。

3.櫻桃插在調酒棒上裝飾,端出供客人飲用。

克里姆林宮陸軍上校
(THE KREMLIN COLONEL)

　　這種以伏特加為基酒調製而成的飲品，受到許多人的推崇。

- 碎冰
- 二份伏特加
- 半份新鮮萊姆汁
- 一茶匙糖（可依個人口味調整）
- 薄荷葉

1.將一匙碎冰放入雞尾酒雪克杯中，加入伏特加、萊姆汁和糖。

2.搖晃均勻，過濾至一個雞尾酒杯中。

3.撕碎薄荷葉，釋出薄荷的香氣。將薄荷葉置入飲料中當作裝飾，端出供客人飲用。

蘇維埃 (THE SOVIET)

　　這種伏特加特調和廣受歡迎的俄國啤酒一樣，其烈勁比外表看起來更強烈。

- 碎冰
- 三份伏特加
- 一份甜雪莉酒
- 一份澀苦艾酒
- 檸檬皮

1. 一杓碎冰放入雪克杯中，加入伏特加、雪莉酒和苦艾酒，搖晃均勻。

2. 過濾至雞尾酒杯中。以檸檬皮裝飾後，端出供客人飲用。

鹹狗 (SALTY DOG)

鹹狗的特色是玻璃杯緣抹上細鹽粒，讓這種雞尾酒創造出全新的味覺享受。

● *冰塊*
● *四份伏特加*
● *一份無糖的葡萄柚汁*
● *一茶匙檸檬汁*
● *細鹽*

1. 將三顆冰塊放入雞尾酒雪克杯中，加入伏特加、葡萄柚汁和檸檬汁，搖晃均勻。

2. 冰過的雞尾酒杯的杯緣抹上細鹽粒，將已經搖晃均勻的調酒過濾至杯中，端出供客人飲用。

帶有俄羅斯風味的伏特加調酒是最經典的飲品，蘇維埃（圖左）是一種小杯的潘趣酒。鹹狗（圖右）在伏特加調酒中的地位，就如同瑪格麗特在龍舌蘭酒中的地位般屹立不搖。

絕對伏特加（ABSOLUT VODKA）（圖右）的酒瓶是特殊的半透明玻璃瓶，它的商標雕刻在瓶身，而非轉印上去的。

威士忌 （WISKEY）

世界各地都有威士忌，這是一種普遍的酒類。在蘇格蘭釀製的威士忌最負盛名。當地的威士忌英文拼音為whisky，比一般英文中的威士忌拼音whiskey少了一個e，這是蘇格蘭威士忌和其他地方製造的威士忌不同之處。

大部分的蘇格蘭人都很厭惡他們自豪的威士忌被摻雜其他飲料，他們最多可以接受在威士忌中加一點水，因為這可以提引出威士忌天然的風味。千萬不要招待蘇格蘭人威士忌雞尾酒，這會犯他們的大忌。

由於蘇格蘭人很忌諱威士忌調酒，所以大部分的威士忌雞尾酒都是美國人發明的。在威士忌雞尾酒配方中所提到的威士忌，是指美國威士忌酒whiskey，而非蘇格蘭威士忌whisky。

愛爾蘭、加拿大和日本也有生產品質精良的威士忌，有許多不同風味可選擇。

即使是蘇格蘭威士忌本身，也有許多不同的種類和風味，其中最為人所知的是「單一麥芽威士忌（Single Malts）」，這是一種特殊釀製的蒸餾酒。大部分市售的威士忌則是混合數種原料調製而成的，不同區域的威士忌製造方式也不同。

威士忌是由發酵的發芽穀物經過蒸餾釀製而成的。在蘇格蘭，威士忌之所以風味獨特，是由於他們在釀製過程中，使用的水流過泥炭塊岩床，所以會有大地芳香的氣味。製造者再將泥炭塊加熱以保持新發芽的穀類溫暖，並使穀類停止生長。泥炭塊加熱產生的淡藍色煙霧，賦予蘇格蘭威士忌與眾不同的風味。

蘇格蘭老式調酒
(SCOTCH OLD-FASHIONED)

這是一種增加威士忌苦味和甜味的雞尾酒。蘇格蘭人絕對不同意在自認為完美的酒類中添加其他飲料。如果你不是蘇格蘭人，大可好好品嚐這杯雞尾酒。

- 一顆方糖
- 幾注安古斯特拉比特苦汁
- 二量杯的蘇格蘭威士忌
- 冰塊

1. 將一顆方糖浸泡至安古斯特拉比特苦汁中，倒入低球杯裡。

2. 加入適量的水以溶解方糖，倒入蘇格蘭威士忌。輕輕地攪拌後，加入二顆冰塊。

三河市 (THREE RIVERS)

這杯經典的雞尾酒是由加拿大人發明的，三河市取自於法文中的Trois Rivieres。

- 冰塊
- 二份威士忌（加拿大威士忌）
- 一份杜博尼酒（Dubonnet）
- 一份甜桔酒（Triple Sec）

1. 四或五顆冰塊放入雞尾酒雪克杯，加入威士忌、杜博尼酒及甜桔酒。

2. 搖晃均勻後，過濾至低球杯中。

3. 不需裝飾就可以端出供客人飲用。

冰鎮薄荷 (MINT JULEP)

在奴隸和僕人制度還存在時，這杯調酒是廣受富豪歡迎的飲料。

一杯美味的冰鎮薄荷是富豪的專屬特權。在現今的社會中，大部分的人也都負擔不起一大啤酒杯的美國威士忌。美國威士忌是調製冰鎮薄荷的基酒。如果你覺得自己像個百萬富翁，不妨嘗試調製這杯雞尾酒。

- 碎冰
- 一大啤酒杯的美國威士忌
- 一茶匙精白砂糖
- 二大匙水
- 一茶匙巴貝多蘭姆酒
- 一大束新鮮摘取的薄荷

1. 將一杯碎冰放入公杯中，加入美國威士忌、精白砂糖、水和巴貝多蘭姆酒，攪拌均勻。

2. 輕輕將薄荷葉壓碎,釋放出薄荷的
　香味,再將薄荷葉放入水壺中。

3. 將公杯中的混合液體過濾至水壺
　中,加入四或五顆冰塊。以低球杯
　裝盛,端出供客人飲用。

以順時鐘方向介紹上圖:冰鎮薄荷源起於
美國南方腹地,當時是黑奴種植棉花的時
代,密西西比河上大小船隻往來頻繁。蘇
格蘭老式調酒是一種經典的雞尾酒,約於
1900年發明。雖然三河市這種雞尾酒一開
始是由加拿大威士忌所調製的,但是所有
種類的威士忌都可以調製出美味的三河市
雞尾酒。

華爾道夫雞尾酒
(THE WALDORF COCKTAIL)

　　將不同的威士忌混合在一起，就可以創造出完全不同的華爾道夫雞尾酒。通常使用美國威士忌調配這杯酒。

- *碎冰*
- *二份美國威士忌*
- *少許法國綠茴香酒*
- *一份甜苦艾酒*
- *少許安古斯特拉比特苦汁*

1. 將一杓的碎冰放入公杯中，加入美國威士忌、法國綠茴香酒、甜苦艾酒和安古斯特拉比特苦汁。

2. 攪拌均勻後，過濾至冰的雞尾酒杯中。

羅伯羅依 (ROB ROY)

　　這杯雞尾酒的命名是取自於蘇格蘭的英雄羅伯羅依，舉起酒杯一飲而盡，向這位英雄人物致敬。

- 冰塊
- 二注安古斯特拉比特苦汁
- 一大份蘇格蘭威士忌
- 一大份甜苦艾酒
- 一條柳橙皮螺旋條

1. 將二顆冰塊放入低球杯中，再加入安古斯特拉比特苦汁。

2. 加入威士忌和甜苦艾酒，以一條柳橙皮條裝飾後，就可以端出供客人飲用。

「愛讓世界轉動。
威士忌讓世界轉動
的速度快一倍。」

康普頓・馬肯濟
(Compton Mackenzie)

擄獲芳心 (LADY HUNT)

　　這杯優雅且美味的雞尾酒味道強烈、清新，但口感卻芳香醇厚。

- 三份純麥威士忌
- 一份咖啡香甜酒
- 一份杏仁白蘭地
- 半顆檸檬汁
- 少許蛋白
- 冰塊
- 一片柳橙
- 一顆馬拉斯奇諾櫻桃

1. 除了柳橙切片和櫻桃之外，將所有原料倒入雞尾酒雪克杯中，再加入四顆冰塊，用力搖晃。

2. 過濾至雞尾酒杯中，以柳橙切片和櫻桃裝飾，端出供客人飲用。

紐奧爾良 (NEW ORLEANS)

　　許多雞尾酒是由發明地加以命名的。紐奧爾良雞尾酒就是在美國南方的紐奧爾良誕生的。飲用這杯調酒時，會讓人很自然地聯想到嘉年華會和迪克西蘭爵士樂。

- *碎冰*
- *三份美國威士忌*
- *一份法國綠茴香酒*
- *三注安古斯特拉比特苦汁*
- *一注茴香酒（anisette）*
- *一茶匙糖漿（依個人口味酌量增減）*
- *冰塊*
- *一條檸檬皮螺旋條*

1. 將一杓碎冰加入雞尾酒雪克杯中，加入美國威士忌、安古斯特拉比特苦汁、茴香酒和糖漿。

2. 用力搖晃後，過濾至一個裝滿冰塊的低球杯中。以一條檸檬皮裝飾，端出供客人飲用。

蘇格蘭精神
(SPIRIT OF SCOTLAND)

　　這杯雞尾酒的命名與味道最相稱，因為蘇格蘭蜂蜜酒（Drambuie）是由威士忌、石楠花和蜂蜜調製的。有什麼比這種酒更具蘇格蘭風味？

- *碎冰*
- *二份蘇格蘭威士忌*
- *一份蘇格蘭蜂蜜酒*
- *半份檸檬汁*

1. 將一杓碎冰放入果汁機或雞尾酒雪克杯中，加入威士忌、蘇格蘭蜂蜜酒和檸檬汁。

2. 用力攪拌所有材料，過濾至一個雞尾酒杯中。

「*自由和威士忌
是永不分離的！*」

羅伯特・彭斯（Robert Burns）

紐奧爾良（圖左）是一種味道強烈且具有多種風味的雞尾酒。蘇格蘭精神（圖右）是利用二種著名的蘇格蘭酒類調製而成的。

塞澤列特 (SAZERAC)

　　這杯羅曼蒂克的雞尾酒，是由一間進口白蘭地的法國公司Sazerac du Forge et Fils命名的。這杯調酒以裸麥威士忌取代白蘭地，但酒名不變。

- 一塊方糖
- 少許安古斯特拉比特苦汁
- 冰塊
- 二大份裸麥威士忌

- 少許法國綠茴香酒
- 一條檸檬皮螺旋條

1. 將方糖浸入安古斯特拉比特苦汁中，放入冰過且放有一顆冰塊的低球杯中。

2. 加入威士忌，攪拌均勻。

3. 加入法國綠茴香酒，以檸檬皮條裝飾，端出供客人飲用。

蘇格蘭濃霧 (SCOTCH MIST)

　　最簡單的蘇格蘭濃霧配方，是直接在冰塊上倒入蘇格蘭威士忌，再以檸檬皮裝飾。在這裡介紹的是以茶杯裝盛的熱飲蘇格蘭濃霧，因為英式的蘇格蘭濃霧會讓仍聯想到紅茶。

- 一份蘇格蘭威士忌
- 三份現沖泡的錫蘭紅茶
- 蜂蜜
- 濃奶精

1. 威士忌和茶混合，依個人口味添加蜂蜜。在低溫下攪拌，直到幾乎沸騰為止。

2. 倒入小的咖啡杯中，再加入一茶匙的奶精至液面。

這種熱飲版本的蘇格蘭濃霧（圖左）也稱為英式蘇格蘭濃霧，須趁熱飲用。塞澤列特（圖右）是一種相當浪漫的調酒，原產於紐奧爾良。

小妖精 (LEPRECHAUN)

據說抓住一隻小妖精，就可以獲得一個願望，但是喝下這杯美味的雞尾酒後，就會讓你覺得此生已足。

● 冰塊
● 一份愛爾蘭威士忌（一大份）
● 二份通寧水
● 檸檬皮

1. 將二顆冰塊放入高球杯中，加入威士忌和通寧水。

2. 緩緩攪拌後，在飲料上方扭轉檸檬皮。將檸檬皮條置入杯內，端出供客人飲用。

萬事皆俱(EVERYTHING BUT)

這是一杯相當危險的飲料。除了酒精之外，它還包含其他特殊的配方，例如精白砂糖、柑橘和一整顆蛋。這是一杯獻給冒險家的雞尾酒。

難怪這杯飲料的名字是萬事皆俱，因為配方包羅萬象，只差廚房的水槽了。

飲用這杯飲料時可以抱著輕鬆的心態，不需要太嚴肅。當你問到一位客人要喝什麼時，如果他的回答是每種都要，給他這杯萬事皆俱就對了。

● 冰塊
● 一份裸麥威士忌
● 一份澀琴酒
● 一份檸檬汁
● 一份柳橙汁
● 一顆雞蛋
● 半份杏仁白蘭地
● 一茶匙細白砂糖

1. 將六顆冰塊放入一個雞尾酒雪克杯中，加入威士忌、琴酒、檸檬汁、柳橙汁、雞蛋、杏仁白蘭地和細白砂糖。

2. 搖晃均勻，直到柔順光滑再過濾至高球杯中，可酌量加入冰塊。

3. 如果你希望讓這杯飲料更完美，在倒入飲料前可以利用細白砂糖將杯緣裝飾成霜狀。

小妖精（圖左）是一種令人愉快的愛爾蘭調酒，以愛爾蘭威士忌調製而成。萬事皆俱（圖右）則結合了三種最受歡迎的雞尾酒：琴酒、威士忌和杏仁白蘭地，這些酒類混合成為後勁十足的雞尾酒。

銲工 (THE BOILERMAKER)

　　嚴格說來，這杯不需要現場調配的調酒根本不算是雞尾酒，而且其分量比一般的雞尾酒多一倍。銲工其實是一種混調飲料，我曾經在很多國家看過狂熱的飲酒者飲用這種調酒。

● 一伏特加杯的混合威士忌
● 一大杯淡啤酒

1. 通常先飲盡一伏特加杯的威士忌，再喝下一大杯啤酒。

2. 有時是將威士忌和啤酒混合於玻璃杯或大啤酒杯中一起飲用。

舒服的性愛
(COMFORTABLE SCREW)

南方安逸（Southern Comfort）
是一種柳橙和水蜜桃調味的威士忌，
於美國南方的州省調製。

- *冰塊*
- *一份南方安逸*
- *六份新鮮柳橙汁*
- *一根香蕉*

1.將六顆冰塊放入雞尾酒雪克杯中，
　再加入南方安逸及柳橙汁。

2.搖晃均勻後，過濾至低球杯中。

3.以香蕉裝飾，端出供客人飲用。

俱樂部雞尾酒
(CLUBMAN COCKTAIL)

愛爾蘭濃霧（Irish Mist）是愛爾
蘭威士忌加草藥和蜂蜜調味的香甜
酒，產於愛爾蘭的Tulach Mhor。俱
樂部雞尾酒是一種色彩豐富的雞尾
酒，絕對可以打開大家的話匣子。

- *冰塊*
- *一份愛爾蘭濃霧*
- *四份柳橙汁*
- *一茶匙的蛋白*

- *少許藍橙皮酒*

1.將四顆冰塊放入雞尾酒雪克杯中，
　加入愛爾蘭濃霧、柳橙汁和蛋白。

2.用力搖晃，過濾至低球杯中。

3.緩緩地在杯緣滴入藍橙皮酒（可利
　用吸管），營造大理石花紋的效果。

舒服的性愛（圖前）是以南方安逸取代伏
特加調製而成的螺絲起子。調製俱樂部雞
尾酒（圖後）時，可將藍橙皮酒沿杯緣滴
入，創造出藍色的大理石紋路。

119

唐・佩德羅 (DOM PEDRO)

　　這杯調酒已經成為南非居民最喜愛的飲料，許多餐廳的菜單上都有這種雞尾酒。奇怪的是，似乎沒有人知道誰是唐・佩德羅，也不知道這杯飲料的名字來源。唐・佩德羅有二種基本配方，一種是利用威士忌調製，另外一種則是利用咖啡香甜酒調配。

● 香草冰淇淋
● 一大份威士忌或咖啡香甜酒
● 巧克力米

1. 將低球杯或高腳杯注入柔軟的香草冰淇淋。威士忌或咖啡香甜酒倒在冰淇淋上。

2. 以叉子用力攪拌直到混合均勻，撒上少許巧克力米，端出供客人飲用。通常還會放入一根長湯匙，讓人可以喝到杯底的飲料。

唐・佩德羅（圖左）是一種絕妙的簡單組合，利用冰淇淋和威士忌調製成一杯美味的雞尾酒。愛爾蘭咖啡（圖右）是由夏南機場的調酒師在四○年代創造出來的。

愛爾蘭咖啡 (IRISH COFFEE)

　　這杯美味的調酒足以取代咖啡，在用餐後飲用是一大享受。愛爾蘭人習慣在茶中加入少量威士忌，並稱之為愛爾蘭茶，但在二次世界大戰時，酒保改變配方，讓夏南機場的美國飛行員飲用加入威士忌的咖啡，因為美國人更偏好咖啡。

　　你也可以購買名為愛爾蘭香甜酒（Irish Velvet），這是以愛爾蘭威士忌、黑咖啡和糖所調製出的咖啡香甜酒。調配出屬於自己的愛爾蘭咖啡相當有趣。

● 一份愛爾蘭威士忌
● 五份濃黑咖啡
● 一茶匙紅糖
● 一份濃奶精

1. 將愛爾蘭威士忌和熱咖啡倒入溫熱的愛爾蘭咖啡杯中。愛爾蘭咖啡杯像是有把手的高腳杯。形狀有點像茶杯，也有點像大的葡萄酒杯。

2. 依個人喜好添加紅糖，輕輕地攪拌，直到紅糖溶解。

3. 將濃奶精滴在茶匙背面，使其緩緩流入咖啡表面，端出供客人飲用。

白石楠花 (WHITE HEATHER)

世界各地的調酒師會定期在國際比賽中競爭，他們在聚會中嘗試調配新的調酒，再相互討論和評比。這杯白石楠花曾經獲獎，是由調酒師 Rodney Brock所創造的。以下的配方詳細地指出他所使用的各種酒類，讀者可以自由選擇調配。這是一杯非常美味的雞尾酒。

- *冰塊*
- *一份蘇格蘭威士忌*
- *一份香蕉香甜酒*
- *一份可可香甜酒*
- *二份淡奶精*
- *肉豆蔻粉*

1. 三顆冰塊放入雞尾酒雪克杯中，除肉豆蔻粉之外，加入其他材料。

2. 搖晃均勻後，過濾至雞尾酒杯中。

3. 將肉豆蔻粉撒在表面，端出供客人飲用。

響尾蛇 (RATTLESNAKE)

與私釀酒有關的「黑話」，包括「蛇果汁」。這可能是指粗製的山區蒸餾酒。在此介紹的是由美國威士忌調製而成，較為精緻的響尾蛇。

- *碎冰*
- *二份美國威士忌*
- *一茶匙的檸檬汁*
- *一茶匙的糖漿*
- *半顆蛋的蛋白*
- *適量法國綠茴香酒*

1. 將一杓碎冰放入雞尾酒雪克杯中，加入美國威士忌、檸檬汁、糖漿、蛋白和法國綠茴香酒。

2. 用力搖晃十秒鐘以上，過濾至冰的低球杯中，端出供客人飲用。

白石楠花（圖左）曾於1984年在德國漢堡獲獎。響尾蛇中含有蛋白（圖右），所以具有絲般的光滑質地。

香檳與葡萄酒
(CHAMPAGNE AND WINE)

　　純酒主義者非常排斥在葡萄酒中加入其他調味料。即使在Chardonnay白葡萄酒中加入一顆冰塊，也會令他們不悅。一般的飲酒者可以不必理會他們的偏執。使用泡沫式或蒸餾的葡萄酒調配雞尾酒，已經長達幾個世紀了。葡萄酒的混調飲料能增添生活樂趣。在歐洲寒冷的夜晚，一杯加糖或香料熱飲的葡萄酒，是人生的一大享受。在發現軟木塞之前，葡萄酒無法保存超過一天。紅葡萄酒保存於酒桶或酒罐中，再以亞麻布纏繞的木製瓶塞堵住，約經過一年就會變成醋，所以必須避免葡萄酒變酸。選用味道溫和的香料是其中一項祕訣。

　　希臘人以木頭瓶塞密封葡萄酒瓶，再用溶化的松香封住瓶塞，避免酒與空氣接觸。由於有些松香流入葡萄酒中，所以希臘葡萄酒會帶有松香味。現在，這種葡萄酒已經成為希臘的國酒，添加松香時會比較謹慎，而且已經不再使用木製瓶塞了。

　　在法國用餐時，一定要佐以葡萄酒。法國的小孩從小就開始飲用加水的葡萄酒，等到長大後就飲用純葡萄酒。如果你喜歡用水調淡葡萄酒，為什麼不順便做些變化呢？

　　香檳之所以被稱為葡萄酒之王，就是因為他和謙遜的領導者一樣，可以接納許多不同的調味料。香檳幾乎可以搭配各種香甜酒或果汁，並激盪出許多新奇美味的雞尾酒。葡萄酒也是唯一適合在早餐時飲用的酒類。

葡萄酒柯林斯
(WINE COLLINS)

　　和許多成功的飲料一樣,這杯調酒的秘訣在於酸甜之間的平衡。它使用甜葡萄酒當作基酒,再以新鮮萊姆汁的酸味與葡萄酒的甜味相互調和。

- *冰塊*
- *四份馬得拉酒（Madeira）、馬沙拉酒（Marsala）或露比波特酒（Ruby Port）*
- *半份新鮮萊姆汁*
- *澀檸檬汽水*
- *一顆馬拉斯奇諾櫻桃*

1. 將四顆冰塊放入混合杯中,加入葡萄酒和萊姆汁。攪拌均勻後,過濾至低球杯中。

2. 加入澀檸檬汽水至滿杯。輕輕攪拌以保留氣泡。以插入小竹籤的櫻桃裝飾,端出供客人飲用。

瑪蒂爾達華爾滋
(WALTZING MATILDA)

這是杯夏日消暑的清涼飲料。

- *碎冰*
- *四份澀白葡萄酒*
- *一份琴酒*
- *一份百香果果汁*
- *半茶匙橙皮酒*
- *依個人喜好添加蘇打水或薑汁汽水*
- *柳橙皮*

1. 一大杓碎冰放入雞尾酒雪克杯中，加入白葡萄酒、琴酒、百香果果汁（也可以使用百香果香甜酒取代，再加入橙皮酒）。

2. 用力搖晃，過濾至高球杯中。

3. 加入喜歡的汽水，放上柳橙皮。

- 一顆檸檬皮
- 六顆完整的丁香
- 適量的磨碎肉桂（依個人喜好調味）
- 一撮磨碎的肉豆蔻
- 五份波爾多紅葡萄酒
- 一份露比波特酒
- 一份白蘭地

1. 將檸檬皮、丁香、肉桂及肉豆蔻放入平底深鍋中，加入液體配方，緩慢地加熱直到幾乎沸騰。沸騰會降低酒精濃度。

2. 將飲料過濾至溫的大咖啡杯中。

雪莉香堤 (SHERRY SHANDY)

這是一種非常清新的夏日飲料，可依個人喜好，飲用味道較濃或較淡的雪莉香堤。

- 三注安古斯特拉比特苦汁
- 二個雪莉杯的安曼提那多雪莉酒（*amontillado*）
- 一瓶薑汁汽水或薑汁皮酒
- 冰塊
- 一片檸檬

1. 少量的安古斯特拉比特苦汁沿著杯子環繞倒入，使其包覆玻璃杯內。

香甜熱葡萄酒
(MULLED CLARET)

添加糖和香料的熱飲葡萄酒，是一種傳統的冬季飲料，問世已長達幾世紀。現代的配方比過去更精緻，味道也比較好，當然後勁也更強。

貝蒂‧康普森（Betty Compson）在拒之千里（The Lady Fefuses）這部影片中，為約翰‧
達若（John Darrow）倒了一杯幫助他恢復元氣的飲料。

2.倒入雪莉酒，薑汁汽水或薑汁皮酒
   注滿杯子。

3.使冰塊漂浮在液面，以檸檬裝飾，
   端出供客人飲用。

雪莉蛋酒
(SHERRY EGGNOG)

　　雪莉蛋酒是一種味道滑順，讓飲酒者感官上相當享受的飲料。帶有令人喜愛、如天鵝絨般柔軟光滑的質感。

- *碎冰*
- *二雪莉杯安曼提那多雪莉酒*
- *一茶匙精白砂糖（依個人喜好酌量添加）*
- *一顆新鮮雞蛋*
- *一杯牛奶*
- *磨碎的肉豆蔻*

1. 將半杯碎冰加入果汁機或雞尾酒雪克杯中。倒入雪莉酒、精白砂糖、蛋和牛奶。搖晃或攪拌，直到質地光滑、細緻。

2. 過濾至冰的高球杯，撒上少許磨碎的肉豆蔻裝飾。

桑格瑞厄雞尾酒 (SANGRIA)

　　桑格瑞厄雞尾酒是一種傳統的潘趣酒，在西班牙語系的國家中相當受歡迎。這杯雞尾酒的名稱來自西班牙語的sangre，意指血，表示這杯酒的顏色。桑格瑞厄雞尾酒的配方幾乎與馬丁尼一樣多。有趣的是，桑格瑞厄雞尾酒是幾種個人式的潘趣酒之一。這裡介紹的是大份量的桑格瑞厄雞尾酒。可酌量增減，調製出適合自己飲用的量。

利用杯緣抹上砂糖的高腳杯盛裝桑格瑞厄雞尾酒，就成爲特殊節日的飲料。

- 二瓶紅葡萄酒
- 半杯橙皮酒
- 半杯白蘭地
- 一顆柳橙汁
- 檸檬或萊姆汁
- 半杯精白砂糖（依個人喜好調味）
- 一大塊冰塊
- 柳橙、水蜜桃和檸檬切片
- 蘇打水

1. 除了蘇打水之外，將所有液體配料混合。

2. 加入精白砂糖，過濾至含有一大塊冰塊的潘趣酒碗中。

3. 以水果切片裝飾。

4. 加入蘇打水，端出供客人飲用。

「喝酒讓人變成傻瓜，
人們變得如此愚蠢而犯下滔天大罪。」

羅伯特·本奇利（Robert Benchley）

香檳經典
(CHAMPAGNE CLASSIC)

香檳經典有幾種配方，有些配方並未加入白蘭地。這是一種簡單且美味的高級調酒。

- *一塊方糖*
- *少許安古斯特拉比特苦汁*
- *冰的澀香檳酒*
- *一茶匙白蘭地*
- *一顆雞尾酒櫻桃*

1. 方糖放入香檳酒杯中，加入安古斯特拉比特苦汁。

2. 將香檳酒倒滿酒杯。

3. 加入一茶匙白蘭地。

4. 以雞尾酒櫻桃裝飾，端出供客人飲用。

沙伯刀的藝術：以沙伯刀切去香檳瓶是很好的宴會開場，但最好私底下事先練習。

貝里尼 (BELLINI)

貝里尼是許多名人喜愛的調酒，像諾爾‧克華德（Noel Coward）和厄涅斯特‧海明威（Ernest Hemingway）都是愛好者。他們在威尼斯的哈利酒吧喝到這種調酒後就愛不釋手。

現代的調酒師會嘗試使用市售罐裝或盒裝的水蜜桃汁調製這杯雞尾酒，但是真正的行家只會使用新鮮果汁。新鮮的水蜜桃汁調製出的雞尾酒風味更佳，值得多花費精力準備。

將幾顆熟的水蜜桃剝皮去核。這些處理過的水蜜桃放入果汁機中攪拌成綿細的果泥。哈利酒吧目前的店主Arrigo表示，他們將小的白色水蜜桃以手榨汁的方式，在輾壓過篩網取得

果泥。他們拒絕採用果汁機這種粗陋的榨汁法。

● 一大份新鮮水蜜桃汁
● 四大份澀香檳酒
● 一塊水蜜桃切片

1.將果汁倒入香檳酒杯中,約注入四分之一滿。

2.加入香檳酒至滿。

3.不要攪拌或搖晃。

4.以一塊水蜜桃切片裝飾於杯緣,端出供客人飲用。

貝里尼是1940年代由威尼斯哈利酒吧的創立者Guiseppe Cipriani發明的,以威尼斯畫家貝里尼爲名。

皇家基爾香檳雞尾酒
(KIR ROYALE)

　　這杯雞尾酒是以法國第戎市的市長菲力克斯基爾（Felix Kir）為名，他也是一位戰爭英雄。在現代的雞尾酒酒吧中，以精緻的香檳酒取代葡萄酒，使這杯調酒的口感躍升為皇家等級。

　　現今的基爾香檳酒與澀的白葡萄酒調製出的味道是相同的。皇家基爾香檳雞尾酒是香檳酒調製的版本。

- *七份冰的澀香檳*
- *一份冰的黑加侖香甜酒（或依個人喜好選用覆盆子香甜酒）*
- *一條檸檬皮*

1. 將香檳注入冰的香檳酒杯至四分之三滿。

2. 加入香甜酒，以檸檬皮扭條裝飾，端出供客人飲用。

黑絲絨 (BLACK VELVET)

　　這杯年代久遠的雞尾酒猶如黑絲絨般細密。優良的烈性黑啤酒會有滑順、細密的質地，就像液狀的絲絨般。加入氣泡葡萄酒可以增添特殊的色澤。

　　據說這杯調酒是在1861年於倫敦的布魯克酒吧中誕生的，當時維多利亞女王和其家族成員正在為亞伯特王子服喪。調酒師利用金氏黑啤酒（Guinness stout)和香檳酒創造出這種莊嚴的調酒。

● 一瓶或一罐金氏黑啤酒

● 一瓶澀香檳酒

1.金氏黑啤酒注入玻璃杯約半滿，輕輕地倒入香檳，避免產生氣泡。

2.不需加入冰塊或裝飾，端出供客人飲用。

羅西尼 (ROSSINI)

　　這是一種外觀美麗且可提神的調酒。在草莓盛產的時節供應，一邊飲用一邊觀賞溫布頓網球賽，實在是一大享受。

- 一份草莓果肉泥
- 三份澀的氣泡式葡萄酒
- 一顆新鮮草莓

1. 將草莓果肉泥倒入香檳酒杯中，再注滿冰的氣泡式葡萄酒。輕輕地攪拌，避免氣泡消散。

2. 放入一顆新鮮的草莓漂浮在液面，端出供客人飲用。

午後之死
(DEATH IN THE AFTERNOON)

　　和許多以香檳為基酒的雞尾酒一樣，這杯調酒必須小心處理，才能留住細微的氣泡。

- 冰塊
- 一份法國綠茴香酒
- 冰的澀香檳酒

1. 二顆冰塊放入香檳酒杯的杯底，再加入法國茴香酒。

2. 緩緩倒入香檳注滿酒杯，輕柔地攪拌，避免氣泡消散。

3. 不需裝飾，直接端出供客人飲用。

「沒錯，懺悔總是在發誓之前，
但我發誓時腦袋一片空白。」

奧瑪・珈音（Omar Khayyam）

羅西尼（圖右）是經過改良的貝里尼，利用新鮮的草莓果泥取代水蜜桃汁。據說午後之死（圖左）是厄涅斯特・海明威在巴黎生活時最喜愛的一種飲料。

香檳藍調
(CHAMPAGNE BLUES)

　　這杯充滿戲劇性的調酒，是由調酒師和作者John J. Poister創造出來的。這是送給香檳藍調的作者Nan和Ivan Lyons的禮物。這首歌提到飲用香檳時不可能同時懷抱憂鬱。這杯雞尾酒可謂心情沮喪時的最佳解藥。

- *澀香檳酒*
- *藍橙皮酒*
- *檸檬皮*

1. 冰的香檳倒入冰的鬱金香杯中，依個人喜好加入藍橙皮酒。

2. 在飲料上方扭轉檸檬皮，釋出檸檬的香氣，再置入杯中當作裝飾。飲用這杯雞尾酒時，應該要保持輕鬆愉快的心情。

威爾斯親王
(PRINCE OF WALES)

　　這是另一種與皇室有關，以香檳為基酒的調酒。是維多利亞女王的兒子阿爾弗雷德（Alfred）最喜愛的一種雞尾酒。當年，阿爾弗雷德的足跡遍佈整個大英帝國。

- *冰塊*
- *一份白蘭地*
- *一份馬得拉酒或其他高酒精含量的甜味白葡萄酒*
- *三滴橙皮酒*
- *二注安古斯特拉比特苦汁*
- *冰的澀香檳酒*
- *一片柳橙*

1. 將五顆冰塊放入雞尾酒雪克杯中，再加入白蘭地、甜葡萄酒、橙皮酒和安古斯特拉比特苦汁。

2. 搖晃均勻後，過濾至高的香檳酒杯中。輕輕地注入香檳酒，以一片柳橙裝飾，端出供客人飲用。

前頁由左至右：香檳憂鬱、威爾斯親王、霸克費斯和南方香檳，四種經典的香檳雞尾酒。

霸克費斯 (BUCK'S FIZZ)

霸克費斯是最常見的香檳雞尾酒，在雞尾酒早餐及名流的午餐中，是相當常見的調酒。霸克費斯可以鼓舞精神，是理想的晨間飲料，而且可依個人喜好調整爲濃烈或清淡。據說霸克費斯是由霸克酒吧的調酒師於1920年代發明的。現在已有市售的瓶裝或罐裝霸克費斯，但仍然不及眞正調製的霸克費斯那麼爽口。

- 一份新鮮柳橙汁
- 二份冰香檳酒或澀的氣泡式葡萄酒

1. 柳橙汁倒入香檳酒杯中至三分之一滿，再加入香檳酒至滿。輕輕地攪拌，避免氣泡消散，然後端出供客人飲用。

2. 若想增添情趣，可以在香檳酒杯的杯緣抹上砂糖。

南方香檳
(SOUTHERN CHAMPAGNE)

南方安逸是一種令人愉快的溫和飲料，可以與許多飲料調製出富變化的雞尾酒。以下是香檳酒調製的新配方南方安逸。

- 安古斯特拉比特苦汁
- 一盎斯杯的南方安逸
- 澀香檳酒
- 柳橙皮

1. 加入一或二注的安古斯特拉比特苦汁至香檳酒杯中，沿著酒杯旋轉倒入，使苦汁包覆於杯內。

2. 倒入南方安逸後，將冰的澀香檳酒注入香檳酒杯中至滿。不要攪拌。

3. 將柳橙皮在飲料上扭轉擠壓，釋出柳橙的風味，再放入杯中當作裝飾，就可以端出供客人飲用。

未來的經典
(FUTURE CLASSICS)

　　大部分飲酒者的飲酒習慣都相當保守，總是一成不變地點自己習慣的飲品，喝著相同廠牌的酒類。現在，雞尾酒已經有很大的演變，人們也願意冒險嘗試新的飲料組合。

　　酒類工業是一個激烈競爭的產業，每年市場上推出新的調酒，這些新風味對於品酒市場帶來不小的波動。有些新發明的雞尾酒值得推薦，其他就只能稱得上普通而已。

　　以下所介紹的雞尾酒可能會造成一時轟動，但是在流行消退後，又將隱沒至廣大的雞尾酒市場中。當然，也有一些雞尾酒會成為如馬丁尼或撞牆哈威般的經典。到底哪些雞尾酒會成為不朽的經典，哪些又會走入歷史之中呢？留待讀者自行評斷。

「我已經養成不在白天喝酒
的習慣，也養成晚上
從不拒絕飲酒邀約的習慣。」

亨利·路易士·門肯
（HL Mencken）

弗朗格里哥饗宴
(FRANGELICO LUAU)

　　弗朗格里哥是一位義大利隱士在三個世紀前所發明的調酒。這是一種美味的香甜酒，由榛果和莓果釀製而成，通常可以調製出特殊的雞尾酒。

- 一份弗朗格里哥香甜酒
- 四份新鮮鳳梨汁
- 少許石榴糖漿
- 冰塊
- 新鮮鳳梨

1. 將弗朗格里哥香甜酒、新鮮鳳梨汁和石榴糖漿倒入果汁機中，攪拌約十秒鐘。混合物倒入冰的高杯中，加入三顆冰塊。

2. 以新鮮的鳳梨裝飾後，就可以端出供客人飲用。

弗朗格里哥饗宴是水果、莓果和榛果風味混調的極致。

希臘之虎
(THE GREEK TIGER)

　　這是經典的雞尾酒「老虎之尾（Tiger Tail）」的變奏改良版。我在雅典前往波羅斯島的途中，曾經品嘗過這杯雞尾酒。輪船的服務員堅持讓外國旅客嘗試他們調製的茴香烈酒。果不其然，令人驚豔。

- 冰塊
- 四份新鮮柳橙汁
- 一份茴香烈酒
- 一片萊姆
- 一條萊姆皮

1. 四顆冰塊放入雞尾酒雪克杯中，加入柳橙汁和茴香烈酒。

2. 搖晃均勻後，過濾至雞尾酒杯中。

3. 在飲料上擠壓萊姆切片，萊姆皮扭成螺旋狀裝飾，端出供客人飲用。

粉紅松鼠
(THE PINK SQUIRREL)

　　以核果類香甜酒調味,再用核果裝飾的飲料,一定會成為松鼠的最愛。

- *碎冰*
- *一份核果香甜酒或弗朗格里哥香甜酒*
- *一份可可香甜酒*
- *一份淡奶油*
- *半顆胡桃*

1.將幾匙碎冰放入雞尾酒雪克杯或果汁機中。

2.將核果香甜酒、可可香甜酒和奶油混在一起。

3.搖晃或攪拌所有的配料,直到完全均混合勻為止。

4.過濾至雞尾酒杯中。

5.將半顆胡桃放在液面上漂浮裝飾,端出供客人飲用。

金色凱迪拉克
(GOLDEN CADILLAC)

加利安洛茴香甜酒呈鮮豔的金色，帶有核果香甜的風味。可可香甜酒使這杯雞尾酒增添了巧克力的柔和風味，奶油則讓這杯調酒如絲絨般滑入喉嚨。

● 冰塊
● 一份加利安洛茴香甜酒
● 一份可可香甜酒
● 一份淡奶油

1. 三顆冰塊放入雞尾酒雪克杯中，加入加利安洛茴香甜酒、可可香甜酒和稀薄的奶油。

2. 搖晃均勻後，過濾至雞尾酒杯中。

3. 不需裝飾就可以端出供客人飲用。

龍舌蘭日出
(TEQUILA SUNRISE)

　　龍舌蘭是墨西哥人最受喜愛的國酒，這杯雞尾酒是以濃烈的酒類調製而成的。龍舌蘭日出是雞尾酒中的經典。

- 一份龍舌蘭
- 三份新鮮柳橙汁
- 二注石榴糖漿
- 一顆馬拉斯奇諾櫻桃

1. 將龍舌蘭和柳橙汁倒入一個高球杯中，混合均勻。

2. 石榴糖漿倒在接近杯緣的液面上，觀賞紅色部分如落日班漸漸沉入飲料中。

3. 以一顆插在小竹籤上的馬拉斯奇諾櫻桃裝飾，端出供客人飲用。

瑪格莉特 (MARGARITA)

　　沒有人記得瑪格莉特本尊，但是她留名於這杯美味的調酒中。這杯雞尾酒可以在調製後直接飲用，或是冰鎮後再飲用。

● 碎冰
● 三份龍舌蘭
● 一份白橙皮酒
● 一份萊姆汁（選用鮮榨果汁較佳）
● 鹽
● 冰塊

1.將一大杓碎冰放入果汁機或雞尾酒雪克杯中，加入龍舌蘭、白橙皮酒和萊姆汁。攪拌或混合均勻。

2.將雞尾酒杯緣浸泡於蛋白或檸檬汁中，抹上鹽形成霜狀杯緣。

3.加入二顆冰塊後，倒入攪拌過的混合液，不要沾濕杯緣的鹽霜。

綠色蚱蜢
(THE GRASSHOPPER)

　　這是一杯與眾不同且令人興奮的雞尾酒，無論是外觀或風味都相當獨特。不過，與其在餐後吃薄荷糖或喝咖啡，不如飲用這杯清新的飲品。

　　此外，添加奶油，讓這杯完美的雞尾酒產生如絲絨般的滑嫩口感。

- 冰塊
- 一份綠薄荷香甜酒
- 一份可可香甜酒
- 一份稀薄奶精

加利安諾茴香甜酒於1960年代問市時，調酒師發明了金色夢幻（圖左）。綠色蚱蜢（圖右）滑順、清涼的風味，正好可以去除大餐後的口中氣味。

1. 三顆冰塊放入雞尾酒雪克杯中，加入所有配方。

2. 搖晃均勻後，過濾至雞尾酒杯中。

3. 不需裝飾，或加入一小枝薄荷葉，就可以端出供客人飲用。

金色夢幻 (GOLDEN DREAM)

　　世界各地的調酒師和酒保都知道加利安諾茴香甜酒可以作為雞尾酒的配方，就看誰敢大膽地活用。無論是外觀或風味，這杯美味的調酒都令人難以挑剔。

- *冰塊*
- *二份加利安諾茴香甜酒*
- *一份君度橙酒*
- *一份新鮮柳橙汁*
- *一份淡奶油*

1. 三顆冰塊放入雞尾酒雪克杯中，加入加利安諾茴香甜酒、君度橙酒、鮮榨柳橙汁和奶油。

2. 用力地搖晃後，過濾至一個雞尾酒杯中。

3. 不需裝飾，就可以端出供客人飲用。

墨西哥墮落 (MEXICAN RUIN)

　　龍舌蘭可能是造成墨西哥人一蹶不振的原因之一，但是它的美味實在令人愛不釋手。

- *碎冰*
- *一份龍舌蘭*
- *一份咖啡香甜酒*

1. 將一杓碎冰放入雞尾酒混合杯中。

2. 加入龍舌蘭和咖啡香甜酒，攪拌混合均勻。

3. 將混合物過濾至雞尾酒杯中，端出供客人飲用。

墨西哥墮落可以和咖啡一起享用，甚至取代一杯香濃的咖啡。

蒙特祖瑪 (MONTEZUMA)

　　這也是一杯與墨西哥有關的調酒,但在市面上較不容易喝到。蒙特祖瑪兼具視覺與味覺的享受。

- *碎冰（若用雪克杯,則改用冰塊）*
- *一顆蛋黃*
- *二份龍舌蘭*
- *一份馬得拉白葡萄酒*

1.將一杓碎冰放入果汁機中（或將四顆冰塊放入雞尾酒雪克杯中）,加入蛋黃、龍舌蘭和馬得拉白葡萄酒。

2.攪拌約十五秒鐘或用力地搖晃,過濾至冰過的雞尾酒杯中。

黃色炸藥 (TNT)

　　所有以龍舌蘭調製的雞尾酒,都可以創造出有趣的味道。膽小者請勿嘗試這杯猛烈如炸藥的調酒。

- *冰塊*
- *二份龍舌蘭*
- *半份新鮮萊姆汁*
- *通寧水*
- *檸檬皮*

1.三顆冰塊放入公杯中,加入龍舌蘭

和萊姆汁,搖晃均勻。

2.過濾至低球杯中,以通寧水倒滿,用一條檸檬皮扭條裝飾,就可以端出供客人飲用。

蒙特祖瑪（圖左）利用蛋黃增加金黃色的
色澤。黃色炸藥（TNT）（圖右）是一杯具
有爆炸性後勁的雞尾酒。

「在你辭世之前，
我們將教你如何飲酒。」

—哈姆雷特

威廉·莎士比亞
（William Shakespear）

153

丹麥瑪莉 (DANISH MARY)

在斯堪的納維亞半島地區，有一種醇厚的烈酒，名為阿瓜維特酒（Aquavit）。這是利用馬鈴薯或穀類所釀製而成的酒，再以葛縷子或其他種子調味。阿瓜維特酒通常直接飲用，也可以用來調配雞尾酒。

- 冰塊
- 一份阿瓜維特酒
- 一小罐番茄汁
- 二注梅林辣醬油
- 檸檬汁
- 香芹鹽
- 一根芹菜梗

1. 將四或五顆冰塊放入雞尾酒雪克杯中，加入阿瓜維特酒、番茄汁、梅林辣醬油、幾茶匙的檸檬汁和一小撮香芹鹽。

2. 搖晃均勻後，過濾至高球杯中。

3. 以芹菜梗裝飾，端出供客人飲用。

冰凍鬥牛士
(THE FROZEN MATADOR)

鬥牛大會通常在炎熱、塵土飛揚的夏日舉行，所以冰凍鬥牛士是相當受歡迎且消暑的飲料，具有清涼止渴的效果。

- 碎冰
- 一份龍舌蘭
- 一份新鮮鳳梨汁
- 少量新鮮萊姆汁
- 冰塊
- 鳳梨切片
- 薄荷葉

1. 果汁機是調製這杯雞尾酒必須的器材。二大杓碎冰放入果汁機中，加入龍舌蘭、新鮮的鳳梨汁和萊姆汁。攪拌至出現泡沫般的質地。

2. 過濾至低球杯中，加入二顆冰塊，以鳳梨切片和薄荷葉裝飾，端出供客人飲用。

冰凍鬥牛士（圖左）是一種冰涼的雞尾酒，結合了龍舌蘭、鳳梨汁和萊姆汁。丹麥瑪莉（圖右）是以阿瓜維特酒取代伏特加調製而成的雞尾酒。

舒特類 （SHOOTERS)

舒特類雞尾酒爲派對添加了豐富的色彩。它們的顏色鮮豔而大膽。

舒特類雞尾酒原本是由加拿大的調酒師發明的，當初的目的在於驅寒。這種酒通常以小杯裝盛，後勁極強，而且多由色彩對比鮮明的酒類調製而成。一飲而盡是最常見的喝法。調製一杯舒特類雞尾酒的藝術，在於將不同顏色的酒類分層交疊。這是一種難度頗高的技術，熟能生巧是不二法門。

高酒精濃度的酒類比低酒精濃度的酒類輕，所以高酒精濃度的酒類會浮在較上層。很多國家的酒類標示都會標明酒精濃度，藉此判別後，讓高酒精濃度的酒類沿著茶的背面，緩緩地加在低酒精濃度的酒類上方，這樣二種酒就不會混在一起了。

加利安諾熱調酒
(GALLIANO HOT SHOT)

加利安諾茴香甜酒是一種味甜、金色的酒類，在享用豐盛的大餐後，可以與咖啡或布丁搭配飲用，完美地結束這一餐。加利安諾茴香甜酒與濃烈、苦澀的咖啡混調，可以創造出極富魅力的風味。如果咖啡很燙，建議小口啜飲這杯雞尾酒。

- 一份加利安諾茴香甜酒
- 一份濃烈的熱咖啡
- 濃奶油

1. 盎斯杯注入半滿的加利安諾茴香甜酒，熱咖啡沿著茶匙背面緩緩地倒入，使加利安諾茴香甜酒上方形成深色的咖啡層。

2. 在咖啡上層加奶油，使奶油置於最頂層。

仙人掌花 (CACTUS FLOWER)

這是一種專為特別有男子氣概的人所調製的雞尾酒。飲用後可能需要來一杯冰水澆熄炙熱的火燄。

- 辣醬
- 龍舌蘭

1. 將辣醬慢慢地倒入盎斯杯底部。

2. 龍舌蘭緩緩注滿酒杯，盡量避免與辣醬混合。

3. 一飲而盡。

「我從酒精獲得的事物，
比酒精從我身上
得到的更多。」

溫斯頓·邱吉爾
(Winston Churchill)

加利安諾熱調酒（圖前）是加利安諾茴香甜酒與熱咖啡的完美組合。而仙人掌花（圖左）則是辣醬與龍舌蘭的火辣組合，最好搭配一杯冰開水，以澆熄飲用後的灼熱感。

吻痕 (LOVE BITE)

　　這是一杯獻給熱戀中的情侶們的浪漫雞尾酒。

● 一份櫻桃香甜酒
● 一份紫羅蘭酒
● 一份濃郁的甜味奶油

1. 將櫻桃香甜酒倒入盎斯杯底部，約倒至三分之一滿。慢慢地倒入紫羅蘭酒於櫻桃酒表面，約至杯子的三分之二滿。

2. 奶油沿著茶匙的背面加入，使其置於最頂層。端出供客人飲用。

肉彈 (SLIPPERY NIPPLE)

　　很少人能夠抗拒這杯性感撩人的調酒。

● 一份桑布卡香甜酒（*sambuca*）

● 一份貝禮詩香甜奶酒（*Bailey's Irish Cream*）

1. 將桑布卡香甜酒倒入盎斯杯中，約到半滿。

2. 謹慎地將貝禮詩香甜奶酒利用茶匙的背面倒在桑布卡香甜酒上方，直到杯緣爲止。

3. 欣賞完這杯精美的調酒後，舉杯飲盡這令人屏息的雞尾酒吧！

彩虹酒 (POUSSE CAFÉ)

　　這是以舒特酒的概念為基礎而調配出的雞尾酒，秘訣在於調製手法要輕巧。從最重的原料開始，沿著茶匙背面一層層倒入，慢慢堆疊起來，讓顏色保持分離而不會混在一起。這杯酒需要一雙穩定不會抖動的巧手，而且是視覺上與味覺上雙重享受的特殊調酒。

　　你也可以選擇喜歡的顏色，設計出適合特殊場合飲用的舒特酒，例如在國慶日時調製出一杯以國旗顏色為主的彩虹酒，或是利用足球隊代表色，組合不同的酒類，當成慶祝勝利的雞尾酒。以下介紹的是基本的彩虹酒。

- 一份石榴糖漿
- 一份綠薄荷酒
- 一份加利安諾茴香甜酒
- 一份蒔蘿香甜酒（*kümmel*）
- 一份白蘭地

.依照配方的順序，將每種成分倒入一個小的圓柱形酒杯中。沿著茶匙背面緩緩地倒入，營造條紋的效果。端出供客人飲用。

秋葉 (AUTUMN LEAF)

部分酒類的顏色稍微混雜無所謂，這樣反而可以創造出如秋葉般漸層的感覺。

● 一份綠薄荷酒
● 一份加利安諾茴香甜酒
● 一份白蘭地
● 磨碎的肉豆蔻

1. 像其他舒特類酒一樣，利用一個小的圓柱形酒杯進行調製。開始時先加入綠薄荷酒。

2. 慢慢地將黃色的加利安諾茴香甜酒倒至綠薄荷酒表面，最後再將白蘭地倒至頂層。

3. 在最頂層撒上少許肉豆蔻。

在電影「Nice Women」中，阿倫莫布雷（Alan Mowbray）爲弗蘭西絲・迪（Frances Dee）倒酒。

墨西哥草帽
(THE SOMBRERO)

這杯美味的墨西哥魔法調酒，絕佳的口感絕對會讓你將帽子拋倒空中歡呼。

● 一份咖啡香甜酒
● 一份濃奶油

1.將咖啡香甜酒冰過。

2.冰的香甜酒倒入盎斯杯中。

3.濃奶油沿著茶匙背面，慢慢倒在咖啡香甜酒上方。

4.端出供客人飲用。

擁有一雙穩定的巧手，才能調製出界線分明的墨西哥草帽。

巴士底監獄砲彈
(THE BASTILLE BOMB)

飲用這杯調酒紀念1789年7月14日的巴士底監獄暴動吧！

- 一份石榴糖漿
- 一份藍橙皮酒
- 一份君度橙酒

1.石榴糖漿先倒入圓柱形酒杯中，當作基部。再加入君度橙酒，最後倒入藍橙皮酒，當作最頂層的酒。

法式射擊
(A SHOT OF FRENCH FIRE)

一杯帶有法式風味的彩色調酒，十分賞心悅目。

- 一份綠色查特酒
- 一份黑櫻桃香甜酒
- 一份櫻桃白蘭地
- 一份蒔蘿香甜酒

1.以綠色查特酒當作基底，沿著茶匙背面，依上述配方的順序倒入小的直邊玻璃杯中。

2.欣賞完美妙的顏色後，將這杯彩色雞尾酒一飲而盡吧！

天使之乳
(THE ANGEL'S TIT)

不難想像這杯乳脂般柔細，以櫻桃裝飾的酒是如何得到這個稱號。這是杯難得有水果裝飾的舒特類酒。

- 一份可可香甜酒
- 一份黑櫻桃香甜酒
- 一份濃奶油
- 一顆馬拉斯奇諾櫻桃

1.加入可可香甜酒，沿著茶匙背面，依上述配方的順序倒入舒特酒杯。

2.櫻桃放在奶油層，端出供客人飲用。

法式射擊（圖左）可以測試手的靈巧度，
看看自己能否讓色彩鮮明地分層。雖然天
使之乳（圖右）的名稱有些不雅，但卻是
舒特類酒的經典。

不含酒精的飲料
(NON-ALCOHOLIC DRINKS)

　　許多參加派對的人不喜歡喝酒精飲料，原因很多，可能是有宗教上或健康上的考量，也可能希望自己可以平安地開車回家。酒醉駕車而樂極生悲的事件層出不窮，不得不慎。

　　不過，不能因為有人不喝酒就拒絕他們參加宴會，也不應該冷落他們，讓他們坐冷板。其實，還有許多美味的無酒精飲料，可以為宴會增色不少，也不會讓參加者敗興而歸。

　　調製無酒精飲料就像調製其他飲料一樣，訣竅在於取得甜度和酸味之間的平衡。這也是為什麼可口可樂在世界上廣受歡迎的原因。因為它的酸甜味十分平衡。在調配無酒精飲料時，調製者的目標是達到味覺上的平衡。

叢林清涼飲
(JUNGLE COOLER)

　　大部分的果汁都可以完美地搭配在一起，創造出新的風味。這杯叢林清涼飲就捕捉住了熱帶原始叢林中，極富異國情調的特色。

- *碎冰*
- *四份鳳梨汁*
- *二份新鮮柳橙汁*
- *一份奇異果汁（奇異果甜香酒）*
- *一份椰奶*
- *一片鳳梨*

1. 一杯份的碎冰放入雞尾酒雪克杯中，加入各種果汁和椰奶。

2. 搖晃均勻後，過濾至高杯中。

3. 用鳳梨裝飾，端出供客人飲用。

處女瑪莉 (VIRGIN MARY)

　　這杯飲料是純潔的血腥瑪莉，因為它不含酒精。

- *冰塊*
- *一罐番茄汁*
- *一小量杯的檸檬汁*
- *一注辣醬*
- *一注梅林辣醬油*
- *酌量添加香芹鹽調味*
- *胡椒*
- *一根芹菜梗*

1. 幾顆冰塊放入雞尾酒雪克杯中，加入番茄汁及檸檬汁。

2. 加入調味料，搖晃均勻。

3. 過濾至高杯中，用一根芹菜梗裝飾，端出供客人飲用。

在調製叢林清涼飲（圖左）時，可以嘗試不同的果汁組合。甜而簡單，卻美味無窮的處女瑪莉（圖右），並未加入伏特加。

柳橙費斯 (ORANGE FIZZ)

　　根據柳橙汁的甜度調整添加量。若飲料太酸，加少許糖就可以達到酸甜的平衡。

● *冰塊*
● *一份新鮮萊姆汁*
● *一份新鮮檸檬汁*
● *五份新鮮柳橙汁*
● *蘇打水*
● *酌量加糖調味*

1. 四顆冰塊放入雞尾酒雪克杯中，加入三種果汁。

2. 搖晃均勻，過濾至高杯中。

3. 蘇打水倒滿玻璃杯，味道太酸就加糖調味。

4. 不需裝飾，端出供客人飲用。

瓊斯海灘雞尾酒
(JONES'S BEACH COCKTAIL)

雞尾酒不只有甜味或酸味，著名
的血腥瑪莉就是鹹味的調酒。這也是
另一種鹹味的飲料。

- *碎冰*
- *一杯冷牛肉湯或溶解的牛肉高湯塊*
- *半杯蛤蜊汁*
- *半顆檸檬或萊姆榨汁*
- *半茶匙辣根醬*
- *二注梅林辣醬油*
- *香芹鹽*

1. 半杯碎冰倒入果汁機中，放入香芹
   鹽以外的所有配方。

2. 攪拌約十秒鐘，倒入高球杯中。

3. 撒上香芹鹽，端出供客人飲用。

調製雞尾酒時，水果具有二個重要的功能，
即美化和調味。一片新鮮熟透的水果，可以
讓平凡無奇的雞尾酒散發出誘人的香氣。

「忍渴上床，保你起床健康。」

喬治・哈伯特（George Herbert）

小貓漫步 (PUSSYFOOT)

　　這杯美味、有趣的飲料，會讓你發出如貓咪般嗚嗚的愉快聲音。

- 冰塊
- 二份柳橙汁
- 一份檸檬汁
- 半顆蛋黃
- 一注石榴糖漿
- 一小枝薄荷
- 一顆雞尾酒櫻桃

1. 四顆冰塊放入雞尾酒雪克杯中，倒入所有的液體配方。

2. 用力地搖晃，過濾至高球杯中。

3. 輕輕地擠壓一小枝薄荷，促其釋出香氣，以薄荷葉當作裝飾，放上一顆櫻桃，就可以端出供客人飲用。

小貓漫步的名稱，可能來自於其優雅柔順的口感。

櫻桃汽泡飲 (CHERRY POP)

　　就像是美味的雞尾酒一樣，無論有無酒精，這杯飲料都擁有誘人的外觀，酸甜的平衡感也令人激賞。可以根據自己的口味調整酸味和甜味的比例。這就是調配雞尾酒有趣的地方。

- 一份櫻桃糖漿
- 半份新鮮檸檬汁
- 一份新鮮柳橙汁
- 冰塊
- 蘇打水
- 一片檸檬
- 一顆糖衣櫻桃

1. 櫻桃糖漿、檸檬汁和柳橙汁倒入雞尾酒雪克杯中，加入四顆冰塊。

2. 搖晃均勻，過濾至高球杯中。

3. 蘇打水倒滿高球杯，用一片檸檬和糖衣櫻桃裝飾，端出供客人飲用。

輕柔的海洋氣息
(GENTLE SEA BREEZE)

　　這是一杯令人愉悅和清新的水果汁混調飲料，是待客的上品。

- 碎冰
- 一份小紅莓汁
- 一份葡萄柚汁
- 冰塊
- 一小枝薄荷（裝飾用）

1. 一杯碎冰放入果汁機或雞尾酒雪克杯中（最好是果汁機）。加入果汁，攪拌或搖晃到變成如泡沫般。

2. 倒入高球杯，加二顆冰塊，放一小枝薄荷裝飾，端出供客人飲用。

- 碎冰
- 半茶匙的藍色食用色素
- 二注安古斯特拉比特苦汁
- 一份荔枝果汁
- 三份檸檬汽水
- 一片檸檬

1. 三匙碎冰放入調酒杯中，倒入藍色食用色素、安古斯特拉比特苦汁和荔枝果汁。

2. 加入檸檬汽水，輕輕地攪拌，避免氣泡流失。

3. 過濾至低球杯中，用檸檬片裝飾。

藍色火花 (BLUE SPARK)

　　有位承辦酒席的朋友徵詢我的意見。她負責承辦國家電力公司一年一度的員工晚宴，希望能在宴會上提供特別的雞尾酒。

　　她面臨二個問題：晚宴的主題色彩是鐵青色，許多員工都是伊斯蘭教徒，無法飲用酒精飲料。我們花了一小時嘗試各種不同的配方，最後調配出這杯令我們自豪的藍色火花。

　　雖然對喜歡雞尾酒的人而言，使用色素有欺騙之嫌，但是藍色火花（圖右）看起來確實具有戲劇效果，而且風味絕佳。酸味和甜味之間的平衡，是調製雞尾酒的不二法門，這也是輕柔的海洋氣息（圖左）這杯飲品吸引人之處。

在電影「My Weakness」中,羅·阿瑞斯 (Lew Ayres)被一群手拿雞尾酒的美女們 圍繞著。

黑牛 (BLACK COW)

　　某些餐廳將這杯雞尾酒稱為「可 樂特餐」。

● 二杓香草冰淇淋

● 一瓶沙士或可樂

1. 將冰淇淋放入高球杯中,倒入沙士 或可樂,攪拌均勻。

2. 插入一根吸管或一根長湯匙,端出 供客人飲用。

蜜月雞尾酒
(HONEYMOON COCKTAIL)

　　若新娘和新郎希望在婚禮後，可以頭腦清醒地共渡蜜月，當作幸福生活的開始，建議飲用這種雞尾酒。

- 碎冰
- 一大份蘋果汁
- 一大份柳橙汁
- 少許檸檬汁
- 二茶匙蜂蜜
- 柳橙皮
- 糖漬櫻桃

1. 將三匙碎冰放入雞尾酒雪克杯中，倒入蘋果汁、柳橙汁、檸檬汁和蜂蜜。

2. 搖晃均勻，過濾至二個香檳杯中。

3. 以一條柳橙皮螺旋條和櫻桃裝飾。

4. 輕鬆地在床上享用這杯新人專屬的特調吧！

蜂蜜甜心咖啡
(HONEYSWEET COFFEE)

　　大部分的雞尾酒都是設計於晚餐時飲用的，這杯蜂蜜甜心咖啡則可以在一天的任何時候飲用。即使搭配早餐也非常適合。

- 一茶匙蜂蜜
- 一大杯新鮮調製的濃咖啡
- 一注安古斯特拉比特苦汁
- 冰塊
- 發泡鮮奶油
- 磨碎的肉豆蔻

1. 蜂蜜倒入一大杯咖啡中，攪拌均勻，放入冰箱冷藏一晚。

2. 加入安古斯特拉比特苦汁。三顆冰塊放入雞尾酒雪克杯中，加入冰過的咖啡混合液，搖晃均勻。

3. 過濾至高球杯中，鮮奶油倒在最頂層上。

4. 撒上一撮磨碎的肉豆蔻，端出供客人飲用。

秀蘭鄧波兒
(SHIRLEY TEMPLE)

　　這是一杯為任何喜愛甜飲的人所調製的雞尾酒。

- 薑汁汽水
- 石榴糖漿
- 馬拉斯奇諾櫻桃

1. 高球杯倒滿薑汁汽水，加入一或二注石榴糖漿。

2. 輕輕地攪拌，放進三顆馬拉斯奇諾櫻桃。

3. 插上一根吸管，端出供客人飲用。

「當你大口飲用葡萄酒時，
理智就會消失。」

湯瑪士・貝肯（Thomas Becon）

秀蘭鄧波兒（圖左）是以女童星秀蘭鄧波兒命名的，這是1960年代誕生的無酒精雞尾酒。蜂蜜甜心咖啡（圖右）是美味的晨間飲品。

凱薩琳花朵雞尾酒
(CATHERINE BLOSSOM COCK-TAIL)

這杯雞尾酒帶有美味且強烈清新的口感。

● 碎冰
● 一杯鮮榨柳橙汁
● 二湯匙楓糖漿
● 少許檸檬汁
● 一條檸檬皮螺旋條

1.將二杓碎冰放入果汁機中，加入果汁和楓糖。

2.攪拌均勻，倒入一個高球杯中。

3.用檸檬皮裝飾，端出供客人飲用。

海灘纏綿
(SAFE SEX ON THE BEACH)

和許多無酒精雞尾酒一樣，這杯飲料是經過多嘗試後得到的配方。海灘纏綿是利用伏特加和水果杜松子酒調製而成的。為了讓它更「安全」，在此以水果果蜜取代水果杜松子酒。

● 冰塊
● 一份水蜜桃果蜜
● 三份鳳梨汁
● 三份柳橙汁
● 少許新鮮萊姆汁
● 一條萊姆皮螺旋條
● 一片奇異果
● 一顆草莓

1.四顆冰塊放入雞尾酒混合杯，加入水蜜桃果蜜（通常是將水蜜桃汁與其他未經調味的果汁混合製成）、鳳梨汁、柳橙汁和鮮榨萊姆汁。

2.攪拌均勻，混合物過濾至高杯中。

3.加入冰塊，用萊姆皮、奇異果和草莓裝飾，端出供客人飲用。

海灘纏綿（圖左）喝起來就像是沙灘上的性愛一樣，唯一不同的是，喝完後不會有宿醉的困擾。凱薩琳花朵雞尾酒（圖右）已經成為雞尾酒界中的經典，也是安全飲品名單中不敗的經典。

專業術語

就像其他專業領域一樣,雞尾酒調酒也有特殊的專業術語。本書已盡量避免使用專有名詞,但是了解調酒師口中的「直調(straight up)」或「餐後酒」,可以讓你更認識雞尾酒。以下是一些較常用的雞尾酒專業用語。

開胃酒(Apèritif)

這是一種在餐前飲用的酒,有助於刺激用餐者的食慾。傳統的開胃酒包括菲諾類雪莉酒(fino sherry)和不帶甜味的香檳酒。有些雞尾酒也可以當作開胃酒飲用。

酒吧糖漿(Bar syrup)

可增加甜味,通常是混合三份糖和一份水調製而成的。設備齊全的酒吧通常會準備一瓶已經調製好的糖漿供隨時取用。

混和(Blend)

在現在的雞尾酒酒吧中,電動果汁機是必備的標準配備。可將新鮮水果攪拌成果泥。當然,還可以利用果汁機均勻地混合飲料的配方,只需攪拌約十秒鐘。

注(Dash)

一注是指少量地加入杯內,通常在加入味道強烈的風味劑如苦汁、醬料或糖漿時,才會使用這個單位,有時須加入不只一注。

餐後酒(Digestif)

一種小杯且極甜的飲料,用餐結束時飲用,有助於消化。

香甜熱酒(Flip)

這是一種混合了雞蛋(有時還會加糖),再搖晃成綿密柔細質感的酒。用一顆雞蛋調製份量過多,但又很難將雞蛋均分為二,所以通常會一次調製二杯的份量。

漂浮(Float)

倒入少量的香甜酒或奶油於雞尾酒的表層,使奶油不與其他成分混合。可利用湯匙背面做到。

法樂皮(Froppè)

這是一種將香甜酒倒在碎冰上飲用的雞尾酒。通常會以吸管吸取,如此一來,就可以同時自杯底啜飲溶化的冰和香甜酒,請見凍飲。

霜狀杯緣(Frosting)

將雞尾酒裝盛於杯緣結霜的玻璃杯,可以增添令人愉快的特色。製作方法為利用水或蛋白沾濕杯緣,再置入盛裝砂糖的淺碟。以瑪格麗特為例,可以在杯緣抹上鹽粒以取代砂糖。

盎斯杯(Jigger)

這是一種小量杯,用於調製雞尾酒。美國的盎斯杯,1.5盎司為42.3毫升。也有1盎司和2盎司的盎斯杯。

凍飲(Mist)

直接將酒精飲料倒在碎冰上。凍飲與法樂皮類似。調製法樂皮時,將甜的利口酒倒在碎冰上。

搗碎(Muddle)

香草植物,例如薄荷,有時需要藉搗碎以釋出汁液和香味。可以將香草植物放入玻璃杯底部,利用木製杵將其搗碎成泥狀。有的調酒匙末端呈平面狀,就是設計當成搗臼之用。

香料熱飲（Mulled）

有的雞尾酒是熱飲，可在寒冬中享用。以前人會將麥芽酒和葡萄酒倒入大啤酒杯中，再插入加熱棒加熱，趁熱飲用。現在已少見加熱棒，只需利用暖爐或加熱板就可以加熱了。

純飲的酒（Neat）

不添加其他混合物或冰塊的酒飲。在斯堪的納維亞半島地區的阿瓜維特酒（Aquavit），通常就是直接飲用的酒類。

加冰的酒（On the rocks）

酒倒倒在裝滿冰塊的杯中飲用。這種做法有二個目的，一是稍微稀釋酒類，二是使口感冰涼。

潘趣酒（Punch）

潘趣酒是由酒類和水果調製而成的，通常會裝在潘趣酒碗中，於大型聚會中飲用。這是一種可以大量調製的雞尾酒。

搖晃（Shake）

將配方倒入雞尾酒雪克杯中，加入冰塊並用力地搖晃，使其混合均勻。冰塊就像是攪拌器，而且具有稀釋的作用。

螺旋狀（Spiral）

有的飲料會用螺旋狀的柳橙或檸檬皮裝飾。將水果外皮切成或撕成一條長而細的條狀，用來裝飾和增添雞尾酒的香氣。

直調（Straight up）

不加冰，通常以高杯盛裝。

過濾（Strain）

在搖晃或攪拌飲料後，將飲料與冰、果皮或其他固體成分分離。飲料倒在濾酒器過濾殘渣。好的酒吧應該都備有經過特殊設計濾酒器，可以緊貼於雪克杯或調酒杯中。

攪拌棒（Swizzle stick）

攪拌棒包括銀製、鐵製和木製的，但是現在大部分的攪拌棒是塑膠製的。其可作為飲料的裝飾，也可用來攪拌飲料。許多經銷商都會提供具有自己公司商標或頂端有裝飾的攪拌棒。

扭轉（Twist）

將長條果皮（通常是柑橘類的果皮）從中央扭轉，使外層的果皮釋放出酸味的果皮油脂。再將果皮放入杯內當作裝飾。

柑橘外皮（Zest）

柑橘類最外層的皮。可以利用鋒利的刀或蔬果削皮刀切取。柑橘外皮並未包含內層柔軟果肉的白色外皮。

大都會文化圖書目錄

●度小月系列

路邊攤賺大錢【搶錢篇】	280元	路邊攤賺大錢2【奇蹟篇】	280元
路邊攤賺大錢3【致富篇】	280元	路邊攤賺大錢4【飾品配件篇】	280元
路邊攤賺大錢5【清涼美食篇】	280元	路邊攤賺大錢6【異國美食篇】	280元
路邊攤賺大錢7【元氣早餐篇】	280元	路邊攤賺大錢8【養生進補篇】	280元
路邊攤賺大錢9【加盟篇】	280元	路邊攤賺大錢10【中部搶錢篇】	280元
路邊攤賺大錢11【賺翻篇】	280元		

●DIY系列

路邊攤美食DIY	220元	嚴選台灣小吃DIY	220元
路邊攤超人氣小吃DIY	220元	路邊攤紅不讓美食DIY	220元
路邊攤流行冰品DIY	220元		

●流行瘋系列

跟著偶像FUN韓假	260元	女人百分百—男人心中的最愛	180元
哈利波特魔法學院	160元	韓式愛美大作戰	240元
下一個偶像就是你	180元	芙蓉美人泡澡術	220元

●生活大師系列

遠離過敏—打造健康的居家環境	280元	這樣泡澡最健康 —紓壓·排毒·瘦身三部曲	220元
兩岸用語快譯通	220元	台灣珍奇廟—發財開運祈福路	280元
魅力野溪溫泉大發見	260元	寵愛你的肌膚—從手工香皂開始	260元
舞動燭光—手工蠟燭的綺麗世界	280元	空間也需要好味道—打造天然相氣的68個妙招	260元

●寵物當家系列

Smart養狗寶典	380元	Smart養貓寶典	380元
貓咪玩具魔法DIY —讓牠快樂起舞的55種方法	220元	愛犬造型魔法書—讓你的寶貝漂亮一下	260元
我的陽光·我的寶貝—寵物真情物語	220元	漂亮寶貝在你家—寵物流行精品DIY	220元
我家有隻麝香豬—養豬完全攻略	220元		

●心靈特區系列

每一片刻都是重生	220元	給大腦洗個澡	220元
成功方與圓—改變一生的處世智慧	220元	轉個彎路更寬	199元
課本上學不到的33條人生經驗	149元	絕對管用的38條職場致勝法則	149元

●人物誌系列

現代灰姑娘	199元	黛安娜傳	360元
船上的365天	360元	優雅與狂野—威廉王子	260元
走出城堡的王子	160元	殞逝的英格蘭玫瑰	260元
貝克漢與維多利亞 —新皇族的真實人生	280元	幸運的孩子—布希王朝的真實故事	250元
瑪丹娜—流行天后的真實畫像	280元	紅塵歲月—三毛的生命戀歌	250元
風華再現—金庸傳	260元	俠骨柔情—古龍的今生今世	250元
她從海上來—張愛玲情愛傳奇	250元	從間諜到總統—普丁傳奇	250元
脫下斗蓬的哈利—丹尼爾·雷德克里夫	220元		

●都會健康館系列

秋養生—二十四節氣養生經	220元	春養生—二十四節氣養生經	220元
夏養生—二十四節氣養生經	220元	冬養生—二十四節氣養生經	220元

●SUCCESS系列

七大狂銷戰略	220元	打造一整年的好業績—店面經營的72堂課	200元
超級記憶術—改變一生的學習方式	199元	管理的鋼盔 —商戰存活與突圍的25個必勝錦囊	200元
搞什麼行銷 —152個商戰關鍵報告	220元	精明人聰明人明白人 —態度決定你的成敗	200元
人脈=錢脈 —改變一生的人際關係經營術	180元	週一清景的領導課	160元
搶救貧窮大作戰の48條絕對法則	220元		

●CHOICE系列

入侵鹿耳門	280元	蒲公英與我—聽我說說畫		220元
入侵鹿耳門（新版）	199元	舊時月色（上輯＋下輯）	各	180元

●禮物書系列

印象花園 梵谷	160元	印象花園 莫內	160元
印象花園 高更	160元	印象花園 竇加	160元
印象花園 雷諾瓦	160元	印象花園 大衛	160元
印象花園 畢卡索	160元	印象花園 達文西	160元
印象花園 米開朗基羅	160元	印象花園 拉斐爾	160元
印象花園 林布蘭特	160元	印象花園 米勒	160元
絮語說相思 情有獨鍾	200元		

●FORTH系列

印度流浪記—滌盡塵俗的心之旅	220元	胡同面孔—古都北京的人文旅行地圖	280元

●工商管理系列

二十一世紀新工作浪潮	200元	化危機為轉機	200元
美術工作者設計生涯轉轉彎	200元	攝影工作者快門生涯轉轉彎	200元
企劃工作者動腦生涯轉轉彎	220元	電腦工作者滑鼠生涯轉轉彎	200元
打開視窗說亮話	200元	文字工作者撰錢生活轉轉彎	220元
挑戰極限	320元	30分鐘行動管理百科（九本盒裝套書）	799元
30分鐘教你自我腦內革命	110元	30分鐘教你樹立優質形象	110元
30分鐘教你錢多事少離家近	110元	30分鐘教你創造自我價值	110元
30分鐘教你Smart解決難題	110元	30分鐘教你如何激勵部屬	110元
30分鐘教你掌握優勢談判	110元	30分鐘教你如何快速致富	110元
30分鐘教你提昇溝通技巧	110元		180元

●親子教養系列

孩童完全自救寶盒（五書＋五卡＋四卷錄影帶）	3,490元（特價2,490元）
孩童完全自救手冊—這時候你該怎麼辦（合訂本）	299元
我家小孩愛看書—Happy學習easy go！　220元	

您可以採用下列簡便的訂購方式：

◎請向全國鄰近之各大書局或上大都會文化網站 www.metrobook.com.tw選購。

◎劃撥訂購：請直接至郵局劃撥付款。

　帳號：14050529

　戶名：大都會文化事業有限公司

　（請於劃撥單背面通訊欄註明欲購書名及數量）

雞尾酒的微醺世界－調出你的私房Lounge Bar風情

作　　者	大衛‧畢格斯（David Biggs）	
譯　　者	姜欣慧	
發 行 人	林敬彬	
主　　編		
責任編輯		
封面設計		
出　　版		
發　　行		

本书中任何违反一个中国原则
的立场和内容词句一律不予承认

網址‧www.metrobook.com.tw

郵政劃撥	14050529　大都會文化事業有限公司
出版日期	2005年09月初版第1刷
定　　價	250元
ＩＳＢＮ	986-7651-49-9
書　　號	Master-009

圖書館出版品預行編目資料

雞尾酒的微醺世界：
調出你的私房Lounge Bar風情/
大衛‧畢格斯(David biggs)著；姜欣慧譯.
-- 初版. -- 臺北市：
大都會文化, 2005[民94]
面；　公分.--(生活大師：9)
譯目：Legendary cocktails
ISBN 986-7651-49-9(平裝)
1. 酒

427.43　　　　　　　　94016195

Printed in Taiwan

※本書如有缺頁、破損、裝釘錯誤，請寄回本公司更換

大都會文化　METROPOLITAN CULTURE

雞尾酒的微醺世界

調出你的私房*Lounge Bar*風情

大都會文化事業有限公司

讀　者　服　務　部　　　收

110台北市基隆路一段432號4樓之9

寄回這張服務卡〔免貼郵票〕
您可以：
◎不定期收到最新出版訊息
◎參加各項回饋優惠活動

大都會文化　讀者服務卡

書號：Master-009　書名：雞尾酒的微醺世界—
　　　　　　　　　　　　　調出您的私房Lounge Bar風情

謝謝您購買本書，也歡迎您加入我們的會員，請上大都會文化網站www.metrobook.com.tw
登錄您的資料，您將會不定期收到最新圖書優惠資訊及電子報。

A.您在何時購得本書：＿＿＿＿年＿＿＿＿月＿＿＿＿日

B.您在何處購得本書：＿＿＿＿＿＿＿＿書店，位於＿＿＿＿＿＿＿＿(市、縣)

C.您購買本書的動機：（可複選）1.□對主題或內容感興趣　2.□工作需要　3.□生活需要
　4.□自我進修　5.□內容為流行熱門話題　6.□其他＿＿＿＿＿＿＿＿＿＿＿＿＿＿＿

D.您最喜歡本書的：（可複選）1.□內容題材　2.□字體大小　3.□翻譯文筆　4.□封面
　5.□編排方式　6.□其他＿＿＿＿＿＿＿＿＿＿＿＿＿＿＿＿＿＿＿＿＿＿＿＿＿

E.您認為本書的封面：1.□非常出色　2.□普通　3.□毫不起眼　4.□其他＿＿＿＿＿＿＿＿＿

F.您認為本書的編排：1.□非常出色　2.□普通　3.□毫不起眼　4.□其他＿＿＿＿＿＿＿＿＿

G.您希望我們出版哪類書籍：（可複選）1.□旅遊　2.□流行文化　3.□生活休閒　4.□美容保養
　5.□散文小品　6.□科學新知　7.□藝術音樂　8.□致富理財　9.□工商企管　10.□科幻推理
　11.□史哲類　12.□勵志傳記　13.□電影小說　14.□語言學習（＿＿語）15.□幽默諧趣
　16.□其他＿＿＿＿＿＿＿＿＿＿＿＿＿＿＿＿＿＿＿＿＿＿＿＿＿＿＿＿＿＿＿＿＿

H.您對本書(系)的建議：
＿＿＿＿＿＿＿＿＿＿＿＿＿＿＿＿＿＿＿＿＿＿＿＿＿＿＿＿＿＿＿＿＿＿＿＿＿＿＿

I. 您對本出版社的建議：
＿＿＿＿＿＿＿＿＿＿＿＿＿＿＿＿＿＿＿＿＿＿＿＿＿＿＿＿＿＿＿＿＿＿＿＿＿＿＿

★讀者小檔案★

姓名：＿＿＿＿＿＿＿＿＿＿　性別：□男　□女　生日：＿＿＿年＿＿＿月＿＿＿日

年齡：1.□20歲以下 2.□21—30歲 3.□31—50歲 4.□51歲以上

職業：1.□學生 2.□軍公教 3.□大眾傳播 4.□服務業 5.□金融業 6.□製造業 7.□資訊業 8.□自由業
　　　9.□家管 10.□退休 11.□其他

學歷：□國小或以下　□國中　□高中／高職　□大學／大專　□研究所以上

通訊地址：＿＿＿＿＿＿＿＿＿＿＿＿＿＿＿＿＿＿＿＿＿＿＿＿＿＿＿＿＿＿＿＿＿＿＿
　　　　　＿＿＿＿＿＿＿＿＿＿＿＿＿＿＿＿＿＿＿＿＿＿＿＿＿＿＿＿＿＿＿＿＿＿＿

電話：（H）＿＿＿＿＿＿＿＿＿（O）＿＿＿＿＿＿＿＿＿　傳真：＿＿＿＿＿＿＿＿＿

行動電話：＿＿＿＿＿＿＿＿＿　E-Mail：＿＿＿＿＿＿＿＿＿＿＿＿＿＿＿＿＿＿＿＿＿